新書

加地倫三
KAJI Rinzo

たくらむ技術

501

新潮社

はじめに

思えば、ずっと企《たくら》んできました。

テレビ、特にバラエティ番組が大好きでテレビ朝日の入社試験を受けた際、希望の部署を聞かれた僕は、「スポーツ局です」と答えていました。そこには採用してもらうための大学生なりの企みがありました。

「ロンドンハーツ」や「アメトーーク！」では、「なんだ、これ⁉」「作っているやつら、バカじゃないの⁉」と言われるような仕掛けを入れるようにしています。ゲストの席順にも意味がきちんとあります。それもこれも企みの一環です。

新番組の企画を思いついた時に、さてこれをどう通すか。そこでまた企みます。

打ち合わせの時、取材を受ける時、ついつい相手の顔色、表情、手元を観察して、分析をしてしまいます。無意識に何か企んでいます。

企んでいる、と言うと計算高い奴だと思われるかもしれません。でも、とにかく面白いものを作ること、楽しく仕事をすること。それが僕の企みの目的です。

テレビの世界で仕事をして、20年が経ちました。

これまであれこれ考えたこと、あれこれ経験したことを書いてみました。

テレビの仕事に興味がある方はもちろん、別の世界で仕事をしている方の参考にもなれば幸いです。

たくらむ技術……目次

1…バカげた企みほど手間をかける

テレビを見てもらうための「下ごしらえ」

僕はいま4種類の仕事をしています。

「ゼネラル・プロデューサー」「プロデューサー」「総合演出」「(コーナー担当の)ディレクター」です。プロデューサーや総合演出といっても、どんな仕事をしているのか、なかなかイメージがつかみづらいかと思います。細かい説明は省くとして、前の2つは全体を見る「管理職」的な立場、後の2つはより番組づくりの現場に近い仕事だと考えてください。

「ロンドンハーツ」「アメトーーク!」で、いずれも僕はゼネラル・プロデューサーを務めています。技術さん、美術さんなど全て入れると100名近いスタッフのトップなので、ちょっとした会社の社長みたいな立場にいますが、自分としては総合演出がメインの仕事だという意識を強く持っています。

自己紹介がてら、どんなふうに番組を作っているのか、「アメトーーク！」が放送されるまでの流れをざっと説明してみます。

見ていただいている人には、「芸人たちがふわーっと集まって、好き勝手にしゃべっている」という印象を持たれているかもしれません。もちろん、そんな風に気楽に笑いながら見ていただければ十分なのですが、さすがに作る側が、「ふわーっ」としていては仕事が進みません。かなりクソマジメに働いているのです。

最近放送した中で、反響が大きく、第2弾、第3弾と放送することになった「運動神経悪い芸人」を例にして、企画から放送までの流れを見てみましょう。

毎週1回、「アメトーーク！」のスタッフが集まって定例会議を行います。出席者は僕の他にディレクター、アシスタント・ディレクター（AD）、構成作家等。そこで前回放送分の反省、進行中の企画の詰め、新しい企画の検討などをしていきます。

ちなみに当初は「運動オンチ」という言い方で進めていたのですが、「いや、むしろ『運動神経悪い』って言い方の方が、『アメトーーク！』らしくて面白い」ということになり、そのタイトルになりました。このへんの言葉のチョイスは結構重要です。

こうしてテーマが決定すると、次は誰に出てもらうかを考えていきます。

実際に運動神経が悪いのは誰か、若い構成作家を中心にリサーチが始まります。キャスティング担当のプロデューサーが芸能事務所、知り合いの芸人さんなどに、誰か心当たりがないかを聞いていくわけです。この時は、僕自身も、サバンナの高橋（茂雄）くんに「誰か知ってる？」とメールをしてみたところ、「僕です」という返事が返ってきたので、即出演をお願いしました。

スケジュール調整をして全出演者が決まるのにだいたい3〜4週間かかります。

その間、語ってもらうこと、やってもらうことについての細かいアイディアを会議で出していきます。「あるあるネタは必須」とか「実際に運動をやっている様子を事前に撮影しよう」といった具合に、あれこれ検討していくのです。これが実際の収録の2週間から1か月前の作業。

このアイディアを元に、事前の準備を進めていきます。この時はVTRを制作することになったので、出演者のロケ用のスケジュールを押さえて、色々な運動を実際にやってもらい、その様子を撮影していきました。トーク本番の収録時には、これをスタジオで出演者一同が見ることになります。この出来次第で、収録の盛り上がりも変わるわけですから、このVTRについても、コーナー担当のディレクターと「ここが面白い」「ここは顔のアップで」「これはいらない」「こんなナレーションを入れよう」等々、何度も話しながら編集し、作りこんでいきます。

同時並行的に、出演者たちに事前アンケートもとっていきます。「運動神経が悪くてどんな悲しい想い出がありましたか」「どんなことで困りましたか」等々。最近のトーク番組では、こうした形でアンケートを行うことが一般的になっています。

こうした「下ごしらえ」が終わって、台本（ドラマなどと違い、簡単な流れ程度のものです）ができるのが収録の前日。

実際の収録は、1回分の放送につき2時間から2時間半くらいかかります（撮影の様子については、後ほど詳しく説明していきます）。

もちろんこれで終わりではありません。むしろ、この後に待っている編集作業こそが僕らの腕の見せどころです。そして、かなり手間がかかります。まずはオフライン編集。どこを使ってどこを切るか、放送時間通りに収める作業です。担当ディレクターが睡眠時間をギリギリまで削って、根を詰めて作業をしても5日〜1週間というところでしょうか。

こんなに時間がかかるのには理由があります。

クソマジメに仕事を積み重ねる

スタジオバラエティ番組では、収録時に複数のカメラを切り替えていくため、スイッチング（カット割）を同時進行で行います。例えば2時間収録していれば、手元に残る素材も2時間分になります。各カメラの収録分はあくまで「保険」で、編集段階で部分的に直すために使うのが一般的だと思います。

でも、僕の番組では、全てのカメラで映像を全部撮っておいて、撮影が終わった後で編集をすることにしています。出演者たちの細かい笑いまで絶対に撮りこぼさないためです。

ただし、通常9台のカメラで収録しているので、「収録時間」の9倍が「撮影VTR時間」になります。仮に2時間の収録だとすると、18時間分のVTRが素材として残ることになる。これを1時間（実際は正味46分55秒）の番組に編集していくのは、やはり大変な作業になります。

この作業は基本的には担当のディレクターがやるのですが、総合演出として僕もチェックします。しかも、どこを使って、どこをカットして……という指示だけでなく、「ここはもうちょっと短く」「この場面ではこっちの顔のアップに」「ここではお客さんのリアクションを」など、かなり細かい指示まで出していきます。

「アメトーーク！」は1回でおよそ1200カット（ちなみに「ロンドンハーツ」の場合、およそ1500〜1800カット）。2秒半に1回、カットを変える計算です。かなり目まぐるしくカットが変わっていくことになります。

そして本編集。例えばテロップを入れるといった作業はここで行います。専門の外部スタッフにテロップを作ってもらうための「発注用紙」があり、これに原稿を書き込んでいく。かなりアナログな作業ですが、これもディレクターの仕事です。

1枚の用紙には8本書き込むようになっていて、僕らの場合、これを1回の放送で30枚くらい使います（ちなみに「ロンドンハーツ」は40〜50枚）。つまり250枚くらいテロップを入れることになる。これを書くのもかなりの労働量です。そして、このテロップを一字一句チェックするのも僕がやっています。

後から入れる効果音、音楽、ナレーションもチェックしていきます。「ピンポーン」という音がいいのか、「カーン」がいいのか、「ポコッ」がいいのか、BGMは何がいいのか、どこから入ってどこでアウトする（消す）のか……等々。これも細部までチェックします。

こうして編集が終わり、とりあえずの「完成品」ができたら、最後に「危機管理プレビュー」という仕事が待っています。プロデューサー、ディレクター、ADが揃って、複数の目で「不適切な表現はないか」「テロップに間違いはないか」「クレジットは正確か」等々を厳しくチェック。それぞれが担当を受け持ち、約2時間かけてじっくり見ます。

こうしてようやく、1回分の「アメトーーク！」が完成します。通常、企画が立ち上がって放送まで2～3か月。もちろん、この企画にかかりきりではなく、その翌週、翌々週……と先々の企画も同時進行で進んでいます。

僕自身は、「ロンドンハーツ」など他の担当番組の仕事も、同時並行的に行っています。当然、休みはめったに取れません。自分が担当ディレクターも兼ねている回については、自宅に編集用のパソコンを持って帰り、作業を進めることも珍しくありません。

プロデューサーという肩書きの人間としては、かなり細かいところまで見ている方だと思います。細かいスイッチングやテロップの字体まで見なくても、別に誰かに怒られるわけではありません。

じゃあ、なぜそうするのか。

自分がかかわる番組については「これは俺の作品だ」と思っているからです。だから、細部まで自分が納得したものでなくては放送するのが嫌なのです。

僕は自分の仕事を「饅頭《まんじゅう》作りの職人さんのようなもの」というイメージでとらえています。1つ1つの作業を丁寧に行い、気を抜かないで納得のいくものを作る。常に一定以上のレベルをクリアし、そうでないものは店に出さない。

もちろん、制作者としては「だから苦労を感じてください」というつもりはさらさらありません。お客さんには「甘くておいしいなあ」とただ味わっていただければ十分です。

ただし、職人である以上、クソマジメに仕事を積み重ねなくてはいけない。

そんなふうに思っているのです。

ルーティーンで思考をやめない

さきほどテロップについて触れました。テレビのテロップがうるさい、邪魔だ、といった声を見聞きすることがよくあります。たしかに、今のテレビではテロップがやたらと多い。画面の上下左右にいつも文字が出ている。出演者の発言が表示されるのは当たり前、擬音やギャグまでテロップになって出てくることもあります。

昔はこんなに文字が画面上にあふれているといったことはありませんでした。「8時だヨ!全員集合」にも「オレたちひょうきん族」にも、テロップはほとんど使われていません。出演者の発言がそのまま文字になって出てくるのは、比較的最近の現象でしょう。

これを「邪魔だ」という意見はよく分かります。僕自身、テレビを見ていて、テロップにイライラすることが少なからずあります。とはいえ、「いやいや、お前の番組でもテロップがたくさん出ているだろう」と言う方がいるかもしれません。

たしかに、「ロンドンハーツ」「アメトーーク!」でもテロップは多用されています。

しかし、実は僕はここにかなり神経を使っていて、自分なりのルールも持っています。よく見ていただけると分かるかもしれませんが、僕の番組では、発言をそのままテロップで追い続けるようなことはありません。

テロップは、番組を面白くするためにあるもので、そのための効果的な手段の1つにすぎないと考えているからです。

例えば、「運動神経悪い芸人」の中で1人の芸人さんが「あの時、俺の右足がグニャッとなっちゃったんです」と言って爆笑をとった場面があったとします。この一言をテロップにする際、いくつもの選択肢が浮上します。

あまり考えないで入れるなら、発言をそのまま忠実に文字にして、テロップにするでしょう。その場合、「あの時、俺の右足がグニャッとなっちゃったんです」という文字が、発言と同時に画面に出ます。

でも、これは全部で23文字もあって、長くて読みづらい。しかも1行では画面に収まらないので、2行に分けなくてはいけません。この場合、もし僕がテロップを入れるなら、「俺の右足がグニャ!!」と9文字にして1行で入れます。

理想を言えば、テロップは短ければ短いほど伝わりやすいので、「グニャ!!」だけにしたいのですが、それは芸人本人の言い方やリズム、間のとり方などによりケースバイケースでしょう。

僕の理論としては、テロップは「読ませる」ものではなく、「見せる」もの。「読む」作業は「見る」作業よりも、時間がかかるので、出演者のしゃべる音を聞く時に、長いテロップを「読む」ことになると、それが邪魔になってしまいます。芸人さんの巧みな言い方や、絶妙な間や声のトーンなどの相乗効果で笑いが生まれているのに、それが台無しになってしまうのです。

さらに、「右足がグニャッ」と言った時のアクションも同時にとっていて、それが「笑い」になっているのに、発言と同時にテロップを出すとどうなるか。基本的に人間は1つのものしか注意して見ることができませんから、せっかくの面白い動きが注目されなくなり、「笑い」は間違いなく半減してしまいます。

だから、この場合は、「あの時、俺の右足がグニャッとなっちゃったんです」という発言と動きの後、コンマ何秒かでも間を置いてから「事件①――右足がグニャ!!」などと工夫してテロップを出した方が、動きも見せることができて、テロップも入れられるということになります。

テロップを出すタイミング、内容は決まったとしても、それ以外にも考えるべきことがあります。先ほども触れたように、文字の大きさ、色、デザイン等々も考えなくてはならないからです。

「グニャ」「グニャ」「グニャ……」

活字1つ、記号1つで印象は異なります。「。」を入れるか、入れないか、それだけでも印象は変わります。汗の絵を入れたらより面白い場合もあるでしょう。こうした工夫は雑誌や本でも同じようにやっていることだと思います。

ほんのちょっとした工夫で、伝わる面白さはかなり変わってきます。

ときには、テロップを入れると面白さがかえって減ってしまう、という局面もあります。その場合には、無理に入れなければいいのです。テロップとは絶対に入れなくてはならないものではないのです。

最近の若いテレビマンたちは、常にテロップを入れるのが当たり前、という世代なので、反射的にテロップを入れている人が多いように思います。なぜそのテロップが必要であるか考えないまま、ただ機械的に入れる。

このやり方が、いわばルーティーン化してしまっていて、とにかくできるだけ入れていないと不安、といった心理になっている人もいるように見えます。

でも、芸人さんにとっては、1つ1つの笑いが生命線です。その笑いを背負っているという自覚と責任を持って、テロップを入れるべきだと僕は考えています。もし自分たちのせいで発言をつまらなくしてしまったら、その芸人さんがあまりに可哀想。後輩たちがそういうことをしようものなら、僕はとても怒ります。

なぜテロップを入れるのか。どんなテロップを入れるのか。

作業をルーティーン化させないで、常にその本質を考えなければならないのです。

見ている人の立場に立つ

職人として仕事をすると言っても、自分のこだわりを押しつけるという意味ではありません。

むしろ僕は視聴者の気持ちで番組作りをすることが大事だと思っています。

例えばさきほど少し触れた編集の作業。長い時間のものを短くしていくのですから、編集する側は短くしやすいところからカットしていきがちですが、ただ話が長いからという理由で、面白い場面をバッサリ全てカットするのはもっての外です。それでも、色々な番組や後輩たちが作ってきたものを見ると、これに近いミスが気になります。

あるエピソードが披露されてスタジオ内が大爆笑に包まれ、あまりの面白さに、笑いが10秒間も続いたとします。ただし、そのうち最初の3秒が大爆笑で、残り7秒が余韻だった。

こういう時に、作り手側はついつい残り7秒の部分をカットしてしまうのです。ここでカットしておけば、時間がストックできて、他の部分でその7秒を使うことができるからです。

ところが、これは不正解。「7秒の余韻がカットされる」ということは、つまり「テレビの前にいる視聴者が、笑い終わって落ち着く時間がカットされる」ということだからです。自分の笑いが収まっていないと、その後に続くトークに集中できません。すると、次の面白いエピソードの話し始め、つまり話の「フリ」の部分をちゃんと聞けていない。結果として、「オチ」を聞いても話がきちんと伝わらず、「完璧に面白いトーク」とは思ってもらえない。笑いが1つ死んでしまうことになるのです。

視聴者側の気持ち、生理を無視してしまう編集とはこういうことです。自分がカットしやすいところでカットすると、笑いのために必要な間を殺すことにつながるのです。よく考えて編集すれば、他にカットできる部分はたくさんあります。作る側のエゴで笑いを減らしてしまってはいけない。何度も言いますが、視聴者がつまらなく感じるだけでなく、それをされた芸人さんが可哀想だと思うのです。

現場で生み出された笑いが１００点だとして、その点数を60点、70点に落とさず、できるだけ１００点に近い点数を保つこと、もしくは１００点以上にすることが僕らの職人としての仕事です。

とりあえず10秒といった単位での話をしましたが、実際には０・１〜０・２秒の間の違いも考慮に入れながら編集をしています。

ここまで細かくこだわって編集しなくても、おそらく「手抜きだ」とは思われないでしょう。しかし、できるだけ気持ちのいい状態で見てもらうには、こういうこだわりが必要だと思うのです。

饅頭のあんこの素材の小豆や砂糖の産地を変えたところで、すぐに気づくお客さんはあまりいないかもしれません。でも、長い目で見ればその違いがどこかに現れてくる。

プロとして番組を作る以上は、できる限り細部にまでこだわって、納得できるものに仕上げたい。その違いはどこかで伝わる。

そう信じています。

「バカじゃないの」はホメ言葉

時おり、出演者の方や視聴者の方々から、こんなことを言われることがあります。

「ここの番組のスタッフ、バカじゃないの⁉」

「今回の企画、超くだらねー」

一般社会では、悪口にしかならない言葉ですが、どちらも僕にとっては最高のホメ言葉です。

毎回毎回は無理かもしれないけれども、「ここぞ」という時には規格外のものを作りたい。「よくぞ、こんなくだらないものに、こんなに手間ヒマかけたな。バカじゃないか」と言ってもらえるものを作りたい。

そう考えているからです。

「ロンドンハーツ」では、青木さやかをドッキリにかけたことが何度かありました。中でも相当に「バカじゃないの」という企画が、彼女がパリコレのモデルに選ばれた！というドッキリです。

パリコレと言えば、モデルの中でもトップレベルしか出られないわけですから、普通にそんなことを言っても、彼女がひっかかるはずがありません。だから、信じてもらうためには、周到に伏線を張っていくわけです。

まずはモデル・オーディションを受けるために、本当に痩せてもらう。2か月の過酷なダイエットで、彼女はウエスト13センチ、体重7キロ近い減量に成功しました。その後に、実際に本物のオーディションを受けてもらいました。

だからといって、1人の女芸人がちょっと努力したぐらいで、受かる訳もありません。でも、「合格した」ということにして、パリまで連れていき、現地に作ったパリコレの舞台（偽物）を歩いてもらいました。会場も観客も衣装もショーも、本物と見分けがつかないほど豪華。一緒に出演したモデルも実際のショーモデルですし、演出家や技術スタッフも一流スタッフにお願いしました。ここまでやれば、さすがに本人もドッキリだと疑うことはありませんでした。

当然、相当お金がかかります。わざわざ海外でセットまで組むのですから、手間も尋常ではありません。

普通に番組を作るのならば、日本のコレクションに出させてもらったり、日本でちょっとしたセットを作って「偽コレクション」をやり、それなりのネタばらしをしたりすれば、ドッキリとしては成立します。

でも、やはりこの企画をやる以上は、パリコレをパリで開かなきゃ意味が無い。そう考えてしまうのです。なぜかと言われても合理的な説明はできません。ただ「いい大人がたくさん集まって、くだらないことを手間ヒマかけて一生懸命やる」ことが大好きだからです。

余談ですが、当時は予算管理の担当をしていなかった僕は、このパリコレのセットの予算に関して、キレてしまうという一幕がありました。

相手は僕の後輩にあたる男で、彼は予算を管理する立場として、パリに作るセットの予算を僕に提示してきたのです。

ある意味常識的な金額だったのですが、演出する側が要求するスケールのセットは全く作れません。それで僕はつい、

「ふざけるな。それじゃあ理想のパリコレにならない。面白さが足んねぇ。赤字を出せ

ばいいだろ‼　このセットができないなら、全部やめる‼」

と言い、何とか予算を確保してもらったのです。

僕らの作るパリコレは偽物だ、その偽物が本物らしく見えるようにするには、本物以上に豪華で金のかかったものにするべきだ——そこは譲れなかったのです。

こちらの迫力（脅迫？）が功を奏して、イメージ通りのパリコレを開催することができました。破格のお金を費やして、最高にくだらないものを作ることができたのです。

ちなみに、当然ながら赤字が出たので、その後半年以上は制作費を細かく切り詰めて、「借金」を返済していきました。今でもその後輩には感謝しています。

全てはクライマックスのために

長年の夢だった仕掛けがありました。「2階から1階へ落とす」というものです。

「ロンドンハーツ」ではドッキリ企画のオチとして、ターゲットの芸人に「お仕置き」を加えるのが恒例です。そしてある時浮かんだ「お仕置き」のアイディアが、「2階から1階へ落とす」というものでした。

女性に誘われるままに、下心をムキ出しにしてついていくターゲット。彼女のアパートの部屋は2階にあります。建物の階段を上がる。まさに至福の時。

部屋に入ると、すっかり成功者の気分。彼女に勧められるまま、くつろぐターゲット。すると急に床が抜け落ちます。ターゲットは1階に落下。何がなんだか分からない……！

このインパクトは計り知れないものがある。その画《え》を見たい。よし、やろう！

このアイディアに会議は盛り上がり、どうすればできるかすぐにリサーチを始めたのですが、実は思った以上に難しいことが分かってきました。そりゃそうです。どのアパートだって、「1階まで人を落としたいから床に穴を開けさせてください」と頼んだら、断るに決まっています。すでに取り壊しが決まっているような建物を探して、交渉してみようとも考えたのですが、現実にはそうそう都合のいい物件はありません。

結局、この時の企画はお仕置きを別のことに変えて放送しました。「2階からの落下」というアイディアは、幻の名案として塩漬けにされてしまったのです。

しかし、数年後、似たタイプのドッキリでお仕置きを考えている時、やっぱりどうしてもこのアイディアをやりたくなってしまったのです。でも、できないことには変わりありません。

「う～ん」……会議はしばしの沈黙。

「そうだ。借りようとするからダメだったんだ。最初からそのための建物を作ってしまえばいいんじゃないか！」

この突拍子もないアイディアに会議は大盛り上がり。すぐに担当ディレクターとＡＤたちを動員してリサーチを開始しました。局内の美術スタッフに協力を仰ぎ、複数の一級建築士にも相談。綿密な検討を重ねた結果、実現可能だということが分かりました。

こうして、ついに「２階からの落下」は現実のものとなったのです。家を見た時は、「あ～、ついに夢が叶ったな」とジ～ンとしました（笑）。もちろん、手間も費用も通常の企画の何倍もかかりましたが、それでも最終的な面白さはケタ違いでした。

後にこのアイディアは、海を越え、韓国でも実行することとなりました。韓国内にわざわざ偽の警察署を建設。言葉の通じない国で逮捕されて怯《おび》えているターゲット、フルーツポンチの村上（健志）が、階下へ落下させられるという流れでした。

アパートも警察署も、ほんの一瞬の落下シーンのためだけに建てたものです。当然、撮影が終わればすぐに解体します。

「なんてくだらないことをしているんだ」と呆《あき》れた人もいることでしょう。ほんの数秒のクライマックスのために、膨大なリサーチ、準備をして、大金を投じる。

「いい大人がここまでやるなんてバカじゃないか」

もう何年も前、ずっと憧れていたある大物芸人さんと特番でお仕事をさせていただきました。僕はお願いして番組後、食事に連れていってもらいました。

その会の途中、僕がトイレに立った時、その方がこんなふうにおっしゃったそうです。

「アイツはお笑いバカやな」

後になってこの話を聞いて、身が震えるほど嬉しかったことは今でも忘れられません。

2…企画は自分の中にしかない

トレンドに背を向ける

「斬新なアイディアはどういうところから取り入れるんですか？」

「色んなところにアンテナを張って、新しい情報を仕入れているんですよね？」

こういう質問を受けたことがあります。

若い人たちに受け入れられている番組を作っているので、新しい情報にも敏感に違いない、と思ってくださっているようです。

でも申し訳ないことに、こういう質問にはロクな答えができません。

「アンテナを張っての情報収集」といったことなど、全くしていないからです。

例えば「アメトーーク！」で、その時々の旬な話題をテーマにしていることは、ほぼありません。むしろ、そうしたトレンドに背を向けたものばかりです。「あぶら揚げ」「広島カープ」「運動神経悪い」「中学の時イケてない」……いずれも、ブームでも何でもないモノ、人、テーマです。２００９年新語・流行語大賞にまでノミネートしていただいた「家電芸人」も、番組で取り上げる前は流行りでも何でもありませんでした。

そもそも僕自身、かなりの機械音痴でパソコンもあまり使えず、ふだんはインターネットすらほとんど見ない人間です。メールはもっぱらケータイ、それもスマートフォンではなくて折りたたみ式のものを使っています。メールにファイルを添付することができるようになったのもつい最近です。

番組作りに関して言えば、積極的に流行を取り入れたいとか、最新情報をインプットしようとかいった気持ちが全くないのです。そもそも、そうする必要を感じていません。

番組の構成作家が「今、こういうのが若い女性に流行っているんですよ。だから、ちょっと取り入れてみましょう」というような提案をしたことがあります。その時は「へえ、そんなものがあるんだ」と素直に感心し、何か取り入れようと思わなくもないのですが、結果的にいい形になったことがありません。

それはその情報なり企画なりが自分のものになっていないからです。自分の感情や実感をともなっていない、本気で面白いと思っていない、と言うべきでしょう。

結局、身の丈に合っていないものというのは、ダメなんじゃないか。そう思うのです。視聴者を過剰に意識して、トレンドや最新情報をいくら仕入れたところで、自分自身が「面白い」という強い感情を持たない限り、番組で活かすことはできないし、どうコントロールしていいかも分かりません。

新しい情報を追うよりは、気の合うスタッフたちとの雑談で「それ、面白いよ」と盛り上がったテーマを深く掘っていくことの方が、「生きた企画」につながると思っています。実際に、「ロンドンハーツ」も「アメトーーク！」も多くの企画はそういう形で生まれています。

先ほど触れた「運動神経悪い芸人」も何気ない雑談から生まれたものでした。人には色んなコンプレックス、苦手なものがあります。見た目だという人もいれば、学力という人もいるでしょう。何がいいのか、あれこれ話しているうちに「運動神経悪いって面白い！」となったのです。

ヒントは分析から生まれる

さらに僕の場合、新たな知識や情報をインプットしようと努力することが苦手なのです。

学生時代に「勉強しなさい」と言われて渋々勉強しても知識があまり身につかなかったのと同じで、一生懸命に何かをインプットしようとしてもイマイチ頭に入ってこないのです。

もちろん、そういう努力をしないよりした方がいいのでしょうが、僕は「自分の性分に合わないものは諦めよう」と切り替えてしまうタイプ。だから、新しい情報を自分から追いかけることをやめてしまったのです。

そのかわり、何気なく目にしたものや、偶然人から聞いた話に対してはものすごく興味を抱くため、そこから多くの刺激を受けています。

また、大好きなもの、心が動いたものに対しては「なんでだろう?」「どうしてそうなるのか?」「なぜこれが面白いのだろう?」と分析を始めてしまうクセが僕にはあります。根っからの「分析屋」なのです。

バラエティ番組を作るにあたって、とても影響を受けたのが1995年から始まった「めちゃ×2モテたいッ!」(フジテレビ系・後の「めちゃ×2イケてるッ!」、以下「めちゃイケ」)でした。この番組はテロップの入れ方1つとっても、斬新かつ画期的でした。出演者の発言をそのまま文字にするのではなく、状況説明なども面白く文章化したり、ツッこんだりして、笑いを増幅させていくのです。

この番組にずっとかかわっていたのが、片岡飛鳥さん。フジテレビの人気バラエティ番組の数々を制作してきた演出家です。ミュージシャンが好きなアーティストを分析するのと同じように、僕は飛鳥さんの編集や演出方法を無意識の内にかなり分析していました。自分がADの頃、たまたまお目にかかって実際にお話をうかがう機会もあり、企画・構成の立て方などについてあれこれとずいぶん教えていただきました。僕にとっては「心の師匠」です。

2012年4月から半年間、深夜の時間帯で「ゲストとゲスト」という30分番組を担当し、放送しました。これは、毎回、1組のミュージシャンと芸人が出て、それぞれの仕事について深く語り合う、という内容のトーク番組です。

この番組をなぜ始めようと思ったか。それは自分がサザンオールスターズの桑田佳祐さんの大ファンであることが関係しています。

いつの頃からだったか、はっきりとは覚えていませんが、サザンオールスターズや桑田さんのライブを見ていて気になったことがあります。それは、オープニングの曲があまりメジャーなものではないということです。

ライブの1曲目というのは、たいていの場合、ヒット曲やアップテンポの盛り上がる曲が選ばれます。

ところがサザンオールスターズや桑田さんは、アルバムの中の地味目な曲などから「ふわっ」と始まることが多いのです。さりげなく始まって徐々に盛り上がっていく。なぜそうなんだろう？　気になるとついつい分析を始めてしまいます。

あくまで個人的な分析なので、その内容をここには書きませんが、このようなことを勝手に考えてしまうクセがあるので、他のミュージシャンたちはどうなのかが気になってきます。ところが、テレビ番組のミュージシャンへのインタビュー等を見ても、こういうことをしゃべっているのを聞いたことがない。何とかできないものか。

そこで、聞き手を工夫してみたらどうかと考えました。ミュージシャンを相手に本音でぐいぐい掘り下げて、深い話まで聞いてくれるのはやはり芸人しかいない――という結論に至りました。それは同時に、「お笑い」という自分の得意分野に、「音楽」というジャンルを引きこむことでもありました。

こうして、「ゲストとゲスト」は生まれました。セットは赤いソファーだけ。そこにミュージシャンと芸人が向かい合って座り、ただしゃべる。

結果として、狙い通りの、これまであまりなかったタイプのトーク番組になったと思います。

ちなみにこの番組に、桑田さんは出演していません。好きすぎて遠くからファンとして見ていたい人だったからです。だから、そもそものきっかけだった「さりげなさの秘密」は、いまだに解き明かせていません。

こうやって好きなもの、たまたま目にしたものなどを分析し、発見できたことは、頭の中の「分析ノート」に法則として蓄積しています。番組を作る時には、いつもそれをパラパラとめくるようにして思い出しています。

「逆に」を考える

「アメトーーク！」では、こんな形で企画が成立したことがありました。

収録が終わって食事に行った際、MCの雨上がり決死隊の宮迫（博之）くんが「木村が〝あぶら揚げ〟をテーマにした〝あぶら揚げ芸人〟をやりたいと言うとんねん（笑）」と言ってきたのです。木村とは、バッファロー吾郎の木村（明浩）くんのこと（現在はバッファロー吾郎A）。ちなみに彼はその隣に座っていました。

「あぶら揚げ」をテーマにしただけの1時間のトーク番組。あぶら揚げへの愛を芸人たちが語りつくす。無理があります。普通に考えれば「ないな〜」と言って終わる話。宮迫くんもそのつもりで僕に話したはずです。

でも、僕はこういう時いつも、「逆にどうなんだろう」と考えることにしています。否定的に考えたら、その時点でアイディアは消えてしまう。それでは発想が広がっていかないと思っているからです。自分のような凡人は、そういった「発想の工夫」をしなければいけないと。そうしなければ、同じような思考の選択肢ばかりを揃えてしまうことになります。

「ないな～」と反射的に思ってしまうようなものにこそ、何かが潜んでいることがある。あぶら揚げも「逆にアリ」かもしれない。そうプラスの方向に考えていきました。

するとと発想はどんどん広がっていきます。うどん、おでん……色々なところであぶら揚げが使われている。関東と関西では呼び名も違うぞ。あれ、味噌汁の具で人気投票したらあぶら揚げは何位なんだろう?……あれ? 「逆に」面白いじゃないか。

「逆に」という視点で考えることは、脳の中のこれまでに使ったことがない部分を働かせることにもつながります。「あぶら揚げ」をテーマにして、1時間面白くするには、普段以上に見せ方等を工夫しなくてはなりません。つまり新しいやり方が生まれるチャンスなのです。

結果はある意味予想通りで、「あぶら揚げ芸人」の放送自体はそれほど大好評とはなりませんでしたが、それでもやった成果はありました。「ここまでアホなことをやるのか」というインパクトを与えるには十分でしたし、食事を高性能カメラ・スーパースローで撮影するという手法は、その後、「アメトーーク!」の定番企画となり、あちこちでフォロワーも生みました。

ゴールデンタイムに放送する「アメトーーク！」の特番でも、「逆に」を試すことがあります。例えば「売れてないのに子供いる芸人」。常識的に考えれば、ゴールデンタイムですから「売れてない」人を並べようというのはおかしな話です。同じような発想で、ゴールデンタイムに「プロレス芸人」を放送したこともあります。プロレス自体がすでにゴールデンタイムに中継されることはなくなっています。

でも「逆に」考えれば、ゴールデンタイムだからこそ「売れていない人」を多くの人に見てもらうチャンスになりますし、今は中継がないからこそプロレスを取り上げるのは面白い。結果、視聴率も合格点を取れました。

もちろん、「逆に」を考えてもどうにもならない企画、アイディアもあります。何でもかんでも「逆にアリ」と言って採用しているわけでは決してありません。

それでも、とりあえず考えてみて損はないです。

経験が少ない若手スタッフの提案する企画は、ベテランに比べると、完成度が低かったり、魅力に欠けたりしていることが多いかもしれません。でも、すぐに「この企画はないな〜」などとは考えないように気をつけています。

「逆にアリなんじゃないか？」「どうにかして活かせないか？」そう考えます。

企画そのものは全然良くないけれども、含まれているキーワードだけは面白い、ということだってあります。

ちなみに2012年9月に放送した特番「結婚出来ない司会者と23人の嫁いる芸人たち」が生まれたきっかけは、後輩へのアドバイスでした。後輩の企画書に「どうしてそれをやりたいのか」という動機や強い意志が感じられず、「もっと自分に合った企画を出した方がいいよ」とアドバイスをしながら、「お前は結婚して子供が生まれたばかりなんだから、例えば『夫目線』の企画とか、『初めての子育て』とかさぁ」と話しているうちに、「男目線だけの結婚話って面白いなぁ」と思いついたのです。

結婚をネタにした番組は数多くあるけれど、男だけの結婚番組は見たことがありません。ひと口に結婚といっても、「新婚、ベテラン、子持ち、バツイチ、亭主関白、かかあ天下……」と色々な形がありますし、「ケンカ、仲直り、呼び方、秘密ごと、ルール……」など考え出したらキリがないくらいテーマは多いのです。

「よし、これやろう」。そう言って企画が実現しました。

キャリアを積んでいくと、どうしても自分なりの「ルール」や、「こだわり」が増えていきます。そういうものが全くないのも問題なのでしょうが、「ルール」や「こだわり」が選択肢を減らす方向につながると、発想が不自由になったり、手かせ、足かせになってしまうのではないでしょうか。だから、僕はあえて「逆に」を考え、視野を広げるようにしています。

パクリはクセになる

「週間視聴率ベスト20」のようなものを見て、「これが今ウケているのか」と参考にしたり、「この人がいま『数字』を持っているのか」ととらえたりする。企画を考える上で、すでに成功している企画、番組を分析して、それと似たような要素を取り入れる、こういう「マーケティング的手法」を企画作りに取り入れている人もいるようです。

僕自身、ごくまれに高視聴率の番組を見て、何がウケているのか分析してみることもあります。特に「なぜこれがウケているのだろう?」と首をひねってしまうような番組(名前は出しませんが)について、あれこれ考えてみたりもします。

しかし、そういう番組から企画をいただこうなどと思ったことは一度もありません。

その一方でときおり、「この企画は『ロンドンハーツ』『アメトーーク!』のアレをパクっているな」とモロに分かるような番組を見かけることがあります。「新しいものなんかないよ」と開き直って、真似や二番煎じをする人もいるからでしょう。

また、こういう手法をとる人には、「とにかく数字を取るためには、なりふりかまってられない」といった心理もあるのかもしれません。

「今ウケている要素とタレント」を並べると、企画が通りやすいという事情もあるのでしょう。少なくとも番組をスタートさせる時点では、テレビ局の上層部等の理解が必要ですから、その時にこうした手法は説得材料を並べるのに役立つ場合もあります。

しかし、現実に、そういう手法で作った番組が狙い通りに視聴率が取れるかと言えば、決してそうとは限りません。その理由は、ヒット企画の持つ「本質的な魅力」を捉えきれていない場合が多いからでしょう（このことについては、後でもう一度触れます）。

補足しておくと、いわゆるメーカー等の企業が行うマーケティングと、ここで言う「マーケティング的手法」とは別物だと思います。メーカーの場合、研究の結果できあがった製品をどのように販売するか、消費者はどんな反応をするのかなど、かなり綿密に市場調査をしていると聞きます。これが本来のマーケティングなのでしょう。

一方、アイディアを考える上での「マーケティング的手法」というのは、言い方は悪いですが、要は真似やパクリです。こういう安易なことをしていると、どんどん頭は退化していきます。

若いスタッフには「人の企画をパクるな」と教育しています。パクリは安易であるが故に、クセになってしまうからです。

念のために言っておくと、パロディーなどあえて影響を受けたものは別です。「アメトーーク！」でも、人気ドキュメンタリー番組「情熱大陸」の手法をそのまま使って、出川哲朗さんを主役に据えた「出川大陸」を作ってみたこともありました。

でも、ここで最も大切なのは、面白がるポイントや本質が全く違うということ。パロディーは、本家に対するリスペクトの念が根底にあり、それをやることで本家の企画を邪魔するようなこともありません。パクリとパロディーは異なるものなのです。

二番煎じは本質を見失う

他の業界同様、テレビの世界でも、ヒットした企画には、2匹目、3匹目のドジョウがすぐに現れます。

僕がただの視聴者としてテレビを見ていた頃は、似たような番組が出てきたら「二番煎じだ」とバカにされるような風潮がありました。実際、一視聴者として、オリジナルへのリスペクト、面白いと思った番組への思い入れが強かったので、パクリのような番組は見ませんでした。

ところが最近の視聴者の方々は、そこまでの思い入れを持って見ていないことが多いのか、二番煎じ、三番煎じでも受け入れられることが増えています。作り手も抵抗感が薄れ、かつては「恥ずかしいから真似はやめようよ」だったのが、「数字が取れそうだからあれを真似よう」になってきた。本質的には同じ企画なのに「ちょっとした演出が違うから大丈夫」、8割同じ企画なのに「2割違うから大丈夫」と考える人が増えてきた。

もちろん他の影響を完全に排すことはできないし、過剰に意識する必要もありません。ヒットしたものには支持される要因があるのですから、それを真似れば一定の支持を得る可能性があることは否定できません。

しかし、誰が見ても「これはあれの影響だ」とわかる形でのアウトプットをするのは、とても安易であるだけでなく、結局は真の面白い番組は作れないので、長い目で見た時には得をしないのです。

それはなぜか。

最近、ある学生さんが書いた企画書を見て、アドバイスする機会がありました。その企画は「すごろく」と「鬼ごっこ」をミックスしたもので、企画そのものは斬新な響きがありましたし、個人的にも「すごろくって面白い要素だな」と前から思っていました。

でも、この企画はテレビ的にはうまくいかないだろうな、ということにすぐに気づきました。

鬼ごっこの面白さは何でしょうか。スピード感、ハラハラドキドキするスリルです。「逃走中」（フジテレビ系）という、鬼ごっこをモチーフにした人気番組のセールスポイントも、まさにそこにあると思います。この番組に登場する鬼にあたる人たちは、みな俊足の持ち主です。そんな鬼と追われる芸能人との全力疾走での追いかけっこのスピード感、そしてかくれんぼの要素も含めたドキドキ感が、番組の芯の部分になっているのでしょう。

一方で、すごろくはどうしても「止まりながら」の遊びになります。鬼ごっこにその要素が入ると、最大の魅力だったスピード感とドキドキ感が損なわれてしまいます。

企画を書いた学生さんが「逃走中」を参考にしたのかどうかは分かりません。ただ、おそらく大人であっても、「逃走中」を参考にして、こねくっていけば、こういうアイディアが出ることはありえます。

たまに、若いスタッフが出してくる企画にも、「ああ、これはあの番組を見て、こねくって作ったものだな」とわかるものもあります。人気番組、面白い番組にあやかりたいという気持ちは分からないわけではありません。

でも、それは本質からズレてしまっている。

何が面白いのか。何をしたいのか。その企画のゴールに向かって構成を考えていくのが大切だということは、誰でも分かっています。しかし、あれこれ考えていくうちに、意外なくらい、そのゴールを見失ってしまい、「あれ？　何でこれやるんだっけ？」と迷走することが多いのです。

実は僕が35歳の時、ある人に「君の編集方法は『めちゃイケ』の片岡飛鳥さんに似ている」と指摘されたことがありました。ストレートに真似をしたつもりはないのですが、その影響は見る人が見れば分かったのでしょう。

正直かなり落ち込みました。それは、自分が最も力を注ぎ、自信もあった作品について言われたからです。パクること、真似することを一番嫌っていたのに、自分が無意識にそれをやってしまっていたのです。

自分の立場を考えると、周りのスタッフに愚痴れば動揺させてしまうかもしれない。そう思って、ひとり悩み続けました。

そして出した結論は、「めちゃイケ」を見るのをやめるということでした。似せないようにと意識しすぎるのもよくない。自分の感性と正直に向かい合うためでした。

それから5年くらい経った頃、ようやく「めちゃイケ」を素直に見られるようになりました。影響を受けないという自信がついたのだと思います。

当てにいくものは当たらない

ここで少し、視聴率について、僕の考えをお話ししておきます。

基本的に、僕は番組を作る上で視聴率のことを気にしていません。

もちろん、気にしないといっても、別に知らないわけではありません。放っておいても数字は報告されます。テレビ局では、あちこちの壁にどの番組が何パーセントとったという貼り紙が貼られています。

番組の視聴率は翌日には出ます。その数字、ときには小数点以下の数字でスタッフたちが一喜一憂しているといった話を、ご存知の方も多いでしょう。「視聴率至上主義」を批判する文章もよく目にします。

当然のことながら、僕も自分の番組の視聴率が良かったと聞けば、悪い気はしません。特に単発の特番などをやった時には、いつもよりも結果を気にして、悪ければそれなりに落ち込み、反省と分析を始めます。もっと正直に言えば、数字がすごく悪くて寝込んだこともなかったわけではありません。

それでも「気にしない」と言うのはどういう意味か。それは企画を考える際に、「視聴率が取れそうだからやろう」といった思考法はとらない、ということです。

あくまでも最初に考えるのは、自分たちが「面白い」と感じるかどうか。またそれが、番組のファン全員ではないにしても、なるべく多くの方たちに面白がってもらえるものかどうかを考えます。

企画を練っていく上で、頭を使うポイントは、その「面白い」と感じたものを、どう伝えるかということに対してです。「この企画の視聴率を上げるにはどうするか」という視点は持っていません。仮に「この人が出れば視聴率が上がる」とされている人がいたとしても、企画の趣旨に合わなければ出演をお願いしても仕方がありません。

結局、それは面白いものを作るために、必要なことではないからです。

視聴率なんかなくていいと言いたいのではありません。作りっぱなし、流しっぱなしでは、何が受け入れられているのかが分かりませんし、一種の指標として視聴率は重要なものだと思います。僕も視聴率を、分析や反省の材料にしていて、番組に対する一種の答え合わせのようなものだと受け止めています。自分の予想と違ったとしたらどこが違ったのか、分析をしていくのです。

しかし、それはあくまでも結果についての話。これからものを作る際に、「まずは視聴率が稼げるように」と考えるのは順序が違うような気がします。「視聴率が稼げるような面白いものを作る」というのと「面白い企画を多くの人に受け入れてもらえるように工夫する」のとでは大きな違いがあると思うのです。

他人に考えを押し付けるつもりはありません。でも、僕自身は「あれ視聴率良かったね」と言われるよりも「あれ面白かったね」と言ってもらえた方が、はるかに嬉しいのです。

もちろん視聴率が低ければ番組が打ち切られることにもつながります。これは絶対に避けたいところです。

実は僕は番組を長く続けること、つまり「長生き」を目指しています。短期的にトップになることは考えていません。爆発力があっても、番組が終了しては元も子もありません。それよりは、どれだけ長く続けられるか、長いこと面白さが持続できるか、そちらを重視しています。

そのために日々、あれこれ工夫したり、企んだりしているのです。

特にウチの会社というわけではなく、今のテレビ局は全体的に、視聴率が悪かった時に文句を言う人が多すぎる気がします。

だから、ビビってしまい、自分たちのやりたいことを貫けない。自信がなくなってしまう。ブレてしまう。悪循環です。

結果は悪くても、未来に可能性を秘めている番組や企画もあると思います。作り手が自信を失うことが一番よくないことです。

偉そうに語っていますが、過去に僕もビビってブレてしまったことがありました。そういう時に放送した番組の出来は「最悪」。今でも恥ずかしくて見れたものじゃありません。そういった苦い経験から「面白い」が先に来るべきだと考えるようになったのです。

3…会議は短い方がいい

会議は煮詰まったらすぐやめる

誰も発言しないまま、タバコの煙が会議室に充満し、灰皿には吸殻が山のように積みあがっているといった「重苦しい会議」。

「お前の言っていることはおかしい」「いや、あんたこそ分かっていない」と激しく罵《ののし》りあう「暑苦しい会議」。

映画やドラマなどでは、よくこういう会議が描かれることがあります。

でも、そういう会議で本当に面白いものや良いものが生まれるのか、かなり疑問です。

「ロンドンハーツ」や「アメトーーク！」の場合は、企画や反省などの定例会議は週1回、2時間ちょっと。その間に2～3テーマほど扱います。1つのテーマにかける時間は長くて1時間くらい。

「そんなにあっさりしているの？」

と思われるかもしれませんが、決して手を抜いているわけではありません。あえて根をつめすぎないようにしているのです。

経験則で言えば、企画は1回の会議で長く時間をかければかけるほど迷走します。ホワイトボードに書き出される項目だけが、どんどん増えていくものの、どれが面白いのか、どれがダメなのか、どうもよく分からなくなる。意見も活発に出ない。そんなふうに良いアイディアが出ず、煮詰まってしまった時には、スパッとやめてしまいます。ダラダラやっても効率が悪いからです。

1週間後に同じことを書いたホワイトボードをもう一度眺めてみると、同じ項目でも見え方が変わってくる、そんなことがよくあります。どこが良くて、どこがダメだったのか。1週間経つと、頭が冷静になっていますし、その間、無意識にその問題について考えていたからかもしれません。また、1週間の間にヒントとなる出来事があることも珍しくありません。だから見え方が変わるのです。

「長い会議と熱い激論を経て、スゴいアイディアが出てきた」といったストーリーも世の中にはあるでしょう。もちろん、そういうやり方が向いている人もいるのかもしれませんし、考え抜くこと自体はとても大切なことです。

でも、ちょっと疑問に思うのは、本当にそのアイディアはそんなに時間をかける必要があったのだろうか、ということです。

例えば、10時間の議論の末に出てきた「良いアイディア」があったとします。しかし、それは本当に10時間かけたから出たものだったのか。1時間の会議を1週間の間隔をあけてやっていたら、2、3時間目でとっくに出ていたかもしれない。むしろその可能性は結構あるんじゃないかな、と思うのです。

間隔をあけることは脳をリフレッシュさせるだけでなく、その間に様々な角度から考える余裕も与えてくれます。

「時間がないから1週間も待てない」という場合は、会議中にいったん違うテーマに話を移すだけでもいい。

とにかく脳をフレッシュな状態にした方が良い結論に至ると思っています。

企画はゆるい会話から

「アメトーーク！」がスタートした時に、最初に決めたのは、会議は狭い部屋でやることと、甘いものを食べながらやることでした。その理由は、深夜番組はゆるくて楽しい空気感が出ている方が面白い。それなら、会議も同じ空気の中で行うべきだと考えたからです。

会議では僕が「まわし」（MC的な立場）をやるので、全体の半分くらいしゃべっていますが、なるべく深刻な雰囲気にならないように気をつけています。全体の空気がサークルの集まりみたいなゆるい感じで、冗談が言い合えるのがベストです。

以前、構成作家のそーたにさん（「ロンドンハーツ」「アメトーーク！」他、僕がADの時から一緒にお仕事をさせていただいている方です）が、「（会議の場での）雑談は意外と人を選ぶんだよな」とブログに書いていたことがありました。本当にその通りだと思います。新しいものを考える時に、意見の衝突は、必ずしもいいものを生み出さない気がします。

だから会議のメンバーやスタッフは、共通認識を持っている人、同じような価値観を持っている人で占めるようにしています。もちろん、みんながイエスマンだという意味ではありません。面白いと思う感覚や方向性が共通しているということです。

例えば、ある会議での一場面。参加者の1人である男性スタッフAさんが、もういい年なのに独身のままだということが話題になったとします。

「なんでAさんは結婚できないのかね」

誰かの何気ない一言から、話が次々広がっていきます。

「細かすぎる性格がダメなんじゃないかな」

「いや、それだけじゃないはず」

「そもそも結婚しなくてもいいんじゃないか?」

「でも、1人でいるとてつもなくさびしいことがあるんだよ。例えばさ……」

「ああ、それ分かるわ!」

ちょっとした一言で、話が転がっていくうちに、

「あれ、これでひょっとして1時間作れるんじゃないの?」

というアイディアが出てきます。

こうして自然に話が盛り上がり、勝手に展開していくのは、いい企画の兆候です。

これが、共通言語を持たない人、感覚が違う人がいたら、広がりそうだった雑談の流れをせき止めてしまう。「なんでAさんは結婚できないのかね」という一言に対して、「そもそも結婚できない男には、何か社会人として欠けているところがあるんじゃないですか。一人前とは言えないですよ。Aさんの日頃の言動を見ていて、問題があると思っていました」

なんてただの悪口になってしまったら、もう話にならず、本来の目的だった企画の芽もつまれてしまうでしょう。

ここまで極端ではなくても、話の流れを止める人、というのはいます。本人はいいことを言っているつもりなのかもしれないのですが、そういう人が空気を変えると、もう話は面白い方向に進みません。

雑談、余談、無駄話の類を一緒に楽しめる人間がいてこそ、発想は広がっていくのだと思います。

つまらない会議で質問する

会議はできるだけ楽しくやった方がいい、とお話ししました。

でも、「テレビ局の企画会議ならばそれでいいんだろうけど、会議ってそんなものばかりじゃないんだよ。普通はもっと真面目で深刻なものだからさ」といった反論もあるでしょう。

たしかに、そうなんだろうと思います。実は僕自身、そういう真面目な会議が嫌だから、ゼネラル・プロデューサーという管理職的な役職に就くことを避けてきました。わざわざ後輩に「先にお前がなれ」とまで言って、管理職から逃げ回っていたのです。

しかし、「大人」ですからいつまでもそういうわけにはいきません。ゼネラル・プロデューサーになってからは、番組以外の真面目な会議にも顔を出さざるをえなくなりました。

そういう会議は笑いの絶えない企画会議とは全くノリが違います。部長も列席して、危機管理などが話題の中心となる会議です。

では、そういう会議はつまらなかったか？　実はそうでもなかったのです。

むしろ「意外に面白いじゃないか」というのが実感でした。

なぜ面白いのかと言えば、気になったことをどんどん聞くようにしたからです。

何せこういう会議にはこれまで出ていなかったから、分からないことが多い。分からないと興味がわきます。

そうなると、分析屋としてはついついあれこれ聞きたくなってしまいます。

「なんでそういうトラブルが起きたんですか？」

「その言葉、聞いたことないんですが、どんな意味なんですか？」

それまで、そういうスタンスで会議に出ていた人があまりいなかったらしく、結果的には、

「お前が来るようになって会議が明るくなった」

というお褒めの言葉ももらいました。ちょっといい気分になって、意外と自分は管理職にも向いているのかもしれない、と調子に乗ったりもしました。

つまらなそうな会議でも、とりあえず何にでも興味を持ってみると、面白みやヒントが意外と見つかるものなのではないでしょうか。

反省会こそ明るく

本来、週に1回の会議の冒頭は、その週のオンエアを振り返り、内容や視聴率について反省したりするものです。

でも僕はあまり「反省会」というものをやりません。

別に毎回全く反省していないということではありません。「反省会」によって会議の導入が重くなるのが嫌なのです。賛否両論あるでしょうが、一度空気が重くなってしまうと、面白いことを話し合う雰囲気に切り換えるのは大変ですし、その後も楽しいアイディアが出にくいように思えるのです。

もちろん「反省会」をしなくてはいけない時もありますが、そういう時は、まず「重い空気」を作らないように努めます。

そして、先に自分で「この件について僕はこう思う」と大方の分析結果をしゃべってしまいます。加えて「だから今後はこうしていくべきだと思うんです」と解決案も出すようにしています。

リーダーが「何がダメなのか分からない」「どうしたらいいのだろう」と不安な感じでいたら、他のメンバーもみな不安になります。少なくとも最初に自分の考えを、しかも先を見すえた建設的な意見をきちんと話した方がいいと思うのです。

また、僕が自分なりの反省や分析を最初に話してから「みんなは何か意見ある？」と聞くことで、他の人も意見を言いやすい、という面もあります。自ら口火を切って、「これが悪い」などと積極的に言うことは、なかなか難しいからです。

そして、「この反省ができてよかった」「この先に活きるだろうな」と締めくくり、前向きな空気を作ってから話を終えます。それによって、次のテーマを話し合う時には、より明るく活発な空気が生まれ、いわゆる「いい会議」になることが多いからです。「反省会」の空気づくりは、その後の空気を左右する意味でも、とても大切なことです。

「脳の経験値」を上げる

基本的に、会議の人数は多くない方がいいと思っています。

でも「アメトーーク！」は書記や雑用をするＡＤを除けば12人（ＡＤも含めると18人）

で、「ロンドンハーツ」はだいたい25人（同40人）。本当は25人というのは、ちょっと多すぎると思っていますが、ゴールデンタイムの番組でかかわっているスタッフが多いので仕方がありません。

なぜこれだけの人数になるのか、というと、僕の番組ではスタッフ全員が会議に参加することを原則にしているからです。自分の担当ではない回であっても出ることになっています。

人数が多くない方がいいと言いながら、全員参加というのは矛盾しているようにも思えるかもしれません。しかし、これは同じ問題意識を持つことが必要だからです。

人数が増えると発言しづらくなる、というのは分かりやすい欠点でしょう。でもそれ以上に問題なのは、どうしても外野気分になる人が増えるということです。そうなると、「自分は議論に関係がない。結論だけ聞いておけばいいや」と思うような人が出てきます。特に直接の担当ではなくて、その回については「お手伝い」気分の人はそんなふうになりがちです。

でも、議論のプロセスを追い、アイディアの取捨選択を理解することで、企画の本質を理解することができるのです。プロセスをスルーして結果だけ聞いたのでは、状況に何か変化やハプニングが起きた時に対応できない。だからこそ、議論を聞いておく必要があるのです。

また、「なぜこういう企画をやるのか」「なぜこういうやり方を選んだのか」といったことは、別の回でも必ず応用が利きます。「この回は関係ないから」と思っている人は、それを聞き逃しているので、自分の番が回ってきた時に、また一から聞き直したり、考え直したりしなければなりません。

会議に出るからには、常に「前のめり」で出るべきです。そして、むしろ関係ない回の会議こそ一生懸命に参加するべきです。

「成長の差」はそういうところで出て来るのではないでしょうか。誰でも自分の担当の回は一生懸命やります。だからこそ、そうじゃない時の意識や努力で差がつくというものです。会議は本来、人数が多くない方がいいけれども、あえて「全員参加」としているのは、こういう考えからです。

自分はADの時から積極的に発言するようにしていました。でもそのためには頭をフル回転させなければなりません。発言する前には、やはり色々なプロセスを頭の中で踏んで、言うべき言葉を取捨選択します。考えたら考えた数だけ「脳の経験値」が上がります。発言しようとして「違う」と思ってやめたことでさえ、1つ、「脳の経験値」は上がったことになる。そして脳内の「分析ノート」のページが増えるのです。

もちろん発言した内容がその場で否定されたり、ダメ出しされたりしてもかまいません。その原因を理解できれば、さらに「脳の経験値」が上がり、むしろラッキーだと言えるでしょう。

4…勝ち続けるために負けておく

余力があるうちに次の準備を

かつて「ロンドンハーツ」では、素人を対象にした恋愛ドッキリ企画が4種類あり、いずれも人気が高かった時期がありました。視聴率もまずまずよく、その4つを回していれば番組は成立していたのです。

ところが、5年目を迎えた頃、突如として視聴率が落ち、毎週1ケタの数字が並ぶような状況になってしまいました。

定番だった4本のヒット企画が一気に飽きられてしまったのです。制作サイドとしては急いで新しい企画を考えなければなりません。

ところが、4種類とはいえ、方向性は同じ素人の恋愛ドッキリ。急に新しいことと言っても何をすればいいのか、さっぱり分からないのです。焦ってしまうほど、新しいことが思いつかない、見つけられない。結局、10週もの間、あれこれ試行錯誤をしたものの、やる企画は次々と撃沈。本当に番組終了が見えてくるような状況になりました。この時期は本当に地獄のようでした。

そこからどう脱したかはまた別にお話ししますが、この時に得た教訓が、「当たっている時こそ次を見つけなければならない」ということでした。新しいものは余力のあるうちに準備しなければならないのです。

ヒット企画を毎週やれば、結果は毎週それなりについてきます。しかし、そこにあるのが「先細りの罠」です。

ヒット企画を繰り返すということは、それだけ考える手間が省けるわけですから、理屈の上では時間的、精神的に余裕が生まれる。その間に新しい企画を考えることができるじゃないか。そういう論理が成り立つはずです。

ところが実際のところ、そううまくはいきません。調子がいいと、人は油断し、新しいことを考えないようになってしまうもの。現に「ロンドンハーツ」はその罠にハマっていたから10週間も迷走したのです。自分たちが面白いと思うものは何か、そんな根本的なことすら分からない。そういう心理状態になっていました。

ヒット企画に安住することの怖さを、あの地獄の日々が教えてくれたのです。

一定の「負け」を計算に入れておく

「ロンドンハーツ」や「アメトーーク！」の場合、放送内容は週ごとに異なりますから、かなりの頻度で「新企画」を試していることになります。

不評のものもあれば、失敗だと感じるものもあります。視聴率がふるわないこともあります。しかし、それは仕方のないことだと割り切っています。

番組内での企画は、「3勝2敗」くらいのペースでいいと考えています。5戦ごとに1つ勝ち越せればいい。勝率は6割。これでもプロ野球なら優勝できるラインです。

ここで言う「負け」とは、別にダメな企画というわけではありません。「一部から強く支持されそうだけど、外すかもしれないもの」「かなり冒険的なもの」というイメージです。一方で「勝ち」の方の典型は「一度やって評判の良かった企画の第2弾」「今までの経験上、好結果が期待できる新企画」「企画段階からゾクゾクするような企画

（最近で言えば、『アメトーーク！』の『どうした⁉品川』）」などになります。

ある程度「負け」のようなものを混ぜていくこともよしとしないと、さきほど述べたように「先細り」を招いてしまいます。

分かりやすいたとえで言うと、1回目に15パーセント程度の高い視聴率を取った企画は、その後も「勝ち企画」として、繰り返し放送しても12～13パーセント程度の視聴率を安定して取れるかもしれません。でも、おそらく最初の面白さやインパクトを常に超えることは難しい。視聴者に驚きがなくなるからです。

だとすれば、「負け」を覚悟してでも、新しいこと、面白いことを混ぜていかないと、番組は力を失っていきます。目先の視聴率を追って、安全パイのような企画を続ければ、結果的に自分達のクビを絞めることになります。

「アメトーーク！」で、「RG同好会（レイザーラモンRGとその理解者たちが集まる会）」という企画を放送したことがあります。レイザーラモンHGの相方であるRGが、そんなにお茶の間で人気があったわけではないので、これは明らかに一般ウケを狙えない企画です。大多数が「えっ？」と戸惑うでしょうし、そもそも見てくれないかもしれません。

しかし、ごく少数ですが、「こういう『ふりきった企画』を待っていた」と思う人もいるはずだと思いました。そういう人は、この企画を他の企画より面白がり、100点どころかそれ以上の評価を下す可能性が高いとも考えていました。

また、「えっ⁉」という人たちには、次の週により間口の広い人気企画を放送した時に、「やっぱり『アメトーーク!』は面白いな」と改めて思ってもらえるはず。もしかしたら、その企画をただ放送するよりも、面白く感じてもらえるかもしれません。野球のピッチャーがスローカーブを投げた後に速球を投げると、実際のスピード以上に速く感じられるのと同じです。

こんなふうに、1回ごとの結果を求めすぎないで、飽きられないためにどうするか、という点を常に企んでいます。いくらおいしい焼肉であっても、毎日食べたら飽きてしまいます。視聴率の「勝ち」にこだわりすぎると、ついつい毎日焼肉を出し続けてしまって、飽きられてしまうのです。

「勝ち越し」を続けるためには、一定の「負け」が必要なのです。

ピンチになったら原点に戻る

今だから言えますが、もうすぐ放送10周年を迎える「アメトーーク！」にもピンチの時期がありました。収録を見ながら、何かちょっと以前とは違う空気を感じることが多くなっていたのです。

前はもっと「ドカーン」と場が盛り上がっていたはずなのに、そういう場面が明らかに減ってきている。これは危ない。もしかすると、ネタが尽きてきているのかもしれない。このままだとあと1～2年くらいで終わるかもしれない。

そんなふうに感じたのです。実際、その頃は視聴率も微妙に下がり気味で、やはり視聴者も何かを感じていたんだろう、と思います。

なぜそんなふうになったのか。番組の調子がしばらく良かったので、いつの間にか、番組の「軸」を忘れてしまっていたのです。

「アメトーーク！」はあくまでトーク番組。核となるテーマについて、色々な出演者が自分の色を出しながら面白いトークを展開する、というのが番組の「軸」だ。それなのに、ついつい上っ面のテクニックを発揮する方に走った。料理で言えば、出汁《だし》がちゃんと取れていないのに、味付けや盛り付けに走っているような感じ——。

会議で話し合いをして、原点に返ることを意識しました。その結果、まもなく「ドカーン」という感じが戻ってきたので、危機は回避できたように思います。

前に書いた「ロンドンハーツ」の「地獄の10週間」もそうでしたが、番組を長く続けていると、気づかないうちに惰性やマンネリを増やしてしまいます。その危機を察知するために必要なのが、失敗することです。失敗をして、それを元に解決策を考える。「3勝2敗」ペースであえて負けを作るのには、「大失敗をしないために、小失敗をしておく」という目的も含んでいるのです。

これが番組を終わらせないための方法だと考えています。

次章でもう少し、失敗について思うことを書いてみます。

5…文句や悪口にこそヒントがある

「世間が悪い」と腐らない

もう14年も前、ゴールデンタイムで放送するナインティナインの特番を任された時のこと。この時、「110メートル・屁〜でる競走」というコーナーを放送しました。名前からなんとなく想像がつくかもしれませんが、出場選手（ナインティナインとココリコ）が1回オナラをすると1つハードルを越えて進んでいって競走するという実にくだらない内容です（笑）。

ロケ現場は大盛り上がりで、「面白いね」と言って、キャッキャキャッとはしゃいでいました。

これが深夜番組であるならば、アリだったのかもしれません。しかし、何せ午後7時からの放送。食事中には明らかに抵抗がある内容です。

結果、視聴率は1ケタ。ナインティナインが出演した番組としては、とても合格とは言えない数字でした。さすがに「面白いからといって、やっちゃいけないことがある」と猛反省をしました。まあ、企画段階で気づけよ、と思われるかもしれませんが、当時の僕はまだ20代で若かったのです……。

失敗はためになる。

よく言われることですが、本当にそう思います。自分自身、成功から学んだことはほとんどないけれども、失敗からはいつも色々学んできたと感じています。

失敗した時には、その辛さから、なるべく自分たち以外のせいにしたくなります。「この面白さが分からない世間が悪い」というのが典型。でも、そういう発想をしても何も次にはつながりません。面白さが世間に伝わらなかったのならば、伝え方に問題があったのではないか、と考えた方がずっと建設的です。

先ほど「ロンドンハーツ」の「地獄の10週間」について触れました。煮詰まった挙句に出す新企画がことごとく不発。「これがダメなら、もう本当に番組打ち切りだ」という覚悟を決めてやったのが、人気企画となった「格付けしあう女たち」です。ロンドンブーツ1号2号が司会進行役となって、10人の女性芸能人が順位をつけあいながらガチンコトークするこのコーナー、今となってはお馴染みのものになっていますが、当時は「これ、どうなるんだろう」という不安の中での挑戦でした。

というのも、ロンドンブーツの2人はそれまで素人相手のドッキリロケが多く、大勢の芸能人を相手にスタジオで話をまわす、といったイメージがありませんでした。「司会者」としては違和感や不安の方が強かった。現に、それ以前にやったスタジオ企画は、ことごとく不発に終わっていたのです。

「格付けしあう女たち」は収録から盛り上がりを見せ、現場では手ごたえを感じていましたが、先ほどの不安もあり、視聴率は1ケタを覚悟していました。ところが、実際に放送された時の数字は予想を大きく上回る15・5パーセント。連敗地獄と打ち切り危機を脱した瞬間でした。

実は、連敗中の企画の中に成功のタネは隠れていました。「地獄の10週間」の初期に、「魔女の相談室」という企画を試みたことがありました。これは杉田かおるさん他、人生経験豊富な女性芸能人の方々に、素人の若いカップルの恋愛相談に乗ってもらう、という内容でした。実際には濃厚な個性の芸能人たちと一般人との組み合わせ、というのがうまく作用せずに失敗したのですが、「杉田さんたちの持ち味を出すには芸能人同士がいい」という方針を打ち出し、その延長に「格付け」があったのです。

怒ってもらえてありがたい

「失敗はためになる」ということは、個人レベルでも言える気がします。僕は、怒られたら喜ぶべきだ、と考えています。

上司や先輩、学生なら先生や部活の顧問に怒られると、気分が落ち込む、シュンとしてしまう、というのが普通かもしれません。でも、怒ってもらったおかげで自分の欠点が分かるのです。

投手が球を速く投げられるようになりたければ、身体やフォームの欠点を知らなくてはなりません。闇雲に投球を続けてもムリ。下半身が弱いのか、身体の開きが早いのか。それを知るためには、誰かに怒ってもらうのが一番早いと思うのです。

怒られることは、新しく考えるきっかけをもらえるということです。

最近はあまり怒られませんが、若い頃はそれなりに怒られていました。入社1〜2年目のスポーツ局時代、ある中継の仕事を「自分にやらせてほしい」と言ったら、先輩に「お前、それを言えるくらいの努力をしてきたのか。いいとこ取りだけするんじゃない」と説教されました。その頃の自分には、野心こそありましたが、ひたむきさが足りなかったのです。

「熱闘甲子園」という番組でVTRを作った時も、試合序盤のとあるシーンにスローモーションを使ったところ、「スローというのはここぞという時にだけ使うんだ」と上司に叱られました。番組を作る上での基本である「フリ」とか「タメ」とかさえ、何も分かっていなかったのです。

どちらも、20年近く経った今でも覚えているということは、自分の実になっている証です。

「見逃しの三振をするくらいなら、空振りの三振の方がいい」という言い方があります。これは積極的な姿勢、チャレンジ精神を勧める教えのように思われがちですが、僕はちょっと違う受け止め方をしています。

空振りの場合は、バットは振っているわけですからフォームのチェックができる。振り方のどこがおかしかったのか、タイミングのとり方がおかしかったのか等々、その失敗を教訓にできるから、空振りの方がいい。「怒られた方がいい」というのも、これと同じことだと思うのです。

否定の意見を聞きたい

企画段階で、「それはやめた方がいいのでは」といった否定的意見をもらうこともあります。若い頃は、こういう意見をぶつけられると感情的に反発することもありました。「こんなに面白い企画なのになぜ分からないのか⁉」と感じたわけです。

でも、最近は否定的な意見が出ることが嫌ではなくなりました。むしろ嬉しいのです。番組会議でも、あえて否定的意見を募ることもあります。すごく面白い、いい企画がスムーズに出来すぎて、みんなノリノリになっているような時に、

「じゃあ、このへんで1回否定的に考えてみましょう」

と言って、あえてその企画の問題点を探してみるのです。

これは先ほど書いた、会議が煮詰まった時には一度考えるのを止めて、1週間空けるのと似たような手法です。その場では何の問題もなかったように思えても、次の週に見

ると意外なほど「穴だらけ」ということがよくある。1週間で冷静になり、問題に気付くことができるようになったからです。

　これと同じように、あえて否定的な視点で企画を見てみると、問題点や懸念材料、トラブル要因から企画の矛盾点まで、実に色々なことが目に付くようになります。みんなで盛り上がって企画を進めていると、いい話ばかりがどんどん広がり、不安な要素があったとしてもなかなか問題に取り上げづらい。

　そういう意味では、いったん否定的な考えを元に修正を加えることは、「妥協」ではなく、「進化」だと考えています。その上で「やっぱりこれしかない」となれば、その企画は間違いないと考えてよいと思っています。

6…「イヤな気持ち」は排除する

ハードルを上げない

番組を作る際に、とりわけ注意している点がいくつかあります。その1つが「ハードルを上げない」ということです。

「ロンドンハーツ」ではマネージャーさんたちが芸人の素顔について語る「芸人取扱説明書～マネージャーの気遣いトップ16～」という企画があります。結構シンプルなタイトルに思われるかもしれません。おそらく同じ内容のものでも、もっと面白く見せたい、もっと目を引きたい、と思えば「超ド級！マネージャー大暴露!!芸人たちの非常識スペシャル!!」のようなタイトルにするという選択肢もありえます。要はあおるのです。

テレビに限らず新聞や雑誌などでも、こういう「あおり系」のタイトルはよく使われています。

でも、僕は決してこういうやり方はとりません。結局「超ド級」「大暴露」とやって、自らハードルを上げても、あまりいいことがないからです。

その企画の中でマネージャーさんが、

「うちの陣内智則は、機嫌が悪くても楽屋でチョコバーさえ与えておけばＯＫ」

というエピソードを紹介しました。その話自体は面白いし、そこから話も展開していくわけです。「へえ、陣内にそんな面があるんだね」と見る側も楽しんでくれたはずです。

でも、これが先に「超ド級」「大暴露」と言ってしまうと、視聴者は「もっと過激な暴露を期待していたのに」「な〜んだ。誇張表現じゃん」とがっかりしてしまいます。目先のインパクトで視聴者を引きつけようとした結果、ハードルを上げることになり、つまらないと思わせてしまうのです。

今の視聴者は目が肥えていて、裏事情もよく知っています。だから、下手にあおったところで、それでダマすことはできません。仮に1回はダマされても、「二度と見るか」と思われたら、やはりいいことはありません。

ただし、タイトルは魅力的かつ分かりやすくするために「芸人取扱説明書〜マネージャーの気遣いトップ16〜」としました。なんとなくポップだし、笑いの要素もあり、ウラ側も知ることができそうな感じが伝わってくるので。

この「ハードルを上げない」というルールを、タイトル以外でも徹底するようにしています。

新聞のテレビ欄での番組紹介は僕が書いているのですが、ここで「大爆笑」「衝撃」等の単語はなるべく使わないようにしています。

演出でも同じ。例えば、ドッキリ企画で、ある芸人が3人の女性に誘惑される企画があったとします。この時に「さあ○○は三股かけるのか?」とあおると、見出しこそセンセーショナルですが、その通りにならなかった時には、やはり「な〜んだ」とガッカリさせてしまいます。

実際には二股でも面白いし、「実はすごく真面目な男だった」という結果でも面白くできるのです。それこそ「逆に」面白い。だから勝手にこちらで三股という高いハードルを設定する必要は全くありません。「こんな時、○○はどう動くのか?」で十分。その上で面白くしていけばいいのです。

同じような考え方から、「CM前のあおり」も意識的にやらないようにしています。「この後、前代未聞の衝撃告白！」とあおっておいて、本当に前代未聞の話が飛び出せばいいのですが、そのハードルを超える話はそうはありません。それならばもっと普通にCM明けの展開を伝えておけばいいのです。

いつの頃からか、CM前にとにかくあおってあおって、引っ張って引っ張って……という手法が増えてきました。CM明けに、その前に見たシーンをまた長々と見せつけることもしばしば。そうしたくなる気持ちや事情は理解できますが、これも最初の1回はうまくダマせても、それで視聴者に悪印象を与えて、次週から見てもらえなければ本末転倒です。

背伸びをせず、ハードルを上げない。その方が純粋に中身を見てもらえます。面白ければそれが伝わるし、そう思ってもらえるものを作ればいい。

逆に内容に自信がない時も、全くあおらずにハードルを下げることで、少しは面白く感じてもらえるかもしれない。そんなふうに思っています。

不快感はできるだけ消す

「アメトーーク！」では定期的に、「芸人プレゼン大会」という企画を放送しています。その名の通り、芸人さんたちが自分のやりたい企画を持ってきて、プレゼンを行う、というものです。

反応がよければ、そのまま採用して番組化します。そうなれば当然、提案した人もメインとして出演できる。それだけにプレゼンをする側も相当真剣に企画を練ってきます。

ある時、たんぽぽの白鳥（久美子）さんが、「アゴに難あり芸人」という企画をプレゼンしたことがありました。彼女は、長いアゴが特徴で、それをネタに笑いもとっています。

これまでにも、コンプレックスを笑いにするような企画は数多くやってきたし、これも面白いんじゃないか、最初はそう思いました。

でも、冷静に企画を詰めていくにつれて、これで1本の番組はできないなあと考えるようになってきました。

アゴが長くて、それをコンプレックスに感じている人が見た時に、はたして共感できたり勇気がわいてきたりするような内容にできるのだろうか。まず気になったのはその点です。たしかに白鳥さんは、お笑いの道に入り、長いアゴですら武器にしています。それは本当に素晴らしいことだと思います。

たしかに彼女が別の企画で出演している時などに、本人にとっての「オイシイ状況」として、アゴがイジられて笑いが生まれることはあります。でも、1時間全て、それだけをテーマにするのとは事情が違いすぎる。

努力ではどうにもならない身体的なコンプレックスだからこそ、それで苦しんでいる人にとっては、見るだけで辛い番組になってしまう。

そう考えていくと、この企画はいくら笑いが取れそうでも「やってはいけない」という結論になったのです。

もちろん、全ての人を満足させる内容、万人が不快に思わない内容というものを作ることは難しい。明確な線引きもありません。

でも、判断をする上で大切なことの1つは、「違和感を持ったらやめる」という選択肢を持っておくことです。

「中学の時イケてないグループに属していた芸人」という人気企画があります。異性に相手にされなかった、ケンカが弱くていつも下っ端だった等々の「イケてなかった過去」について、トークする内容です。

これもコンプレックスがテーマになっています。では、「アゴ」の企画とどこが違うのか。

大きな違いとしては、「中学の時にダメだった奴」とは言っていないことです。「ダメ」ではなく、あくまでも「イケてない」。「企画プレゼン」をしたサバンナ高橋くんの見事なネーミングです。

よく考えてみれば、中学の時に「イケていた」人なんてごく少数です。運動や勉強ができて、ルックスも良くて……といった、文武両道、モテモテだった人はたしかに少数はいるでしょう。

でも、ほとんどの人は、そうではない、普通のごくごく平凡な中学生だったはずです。もちろん、今の中学生でもそれは同じこと。

おそらくほとんどの人は「中学の時イケてない」人なのです。

そして、何と言ってもそれは過去のこと。イケてない時代を受け入れ、お笑いの世界で成功し、人を楽しませている姿は、現在の「イケてない中学生」に勇気を与えることができます。

だからこそ、このテーマは強い共感を持って受け止めてもらえたのだと思います（この企画ではギャラクシー賞〈放送批評懇談会主催〉の月間賞〈2009年1月〉もいただきました）。

ネットの文句を真に受ける

いまは多くの人が、ツイッターやブログといった発信手段を持っているので、番組が終わった直後から、さまざまな形での反響を見ることができます。

僕自身は、前述の通りパソコン音痴なので、ケータイで自分が見られる範囲のものだけですが、そういう反響にできるだけ目を通すようにしています。「面白かった」「笑えた」「最高」といった反応があれば、嬉しいことですし、励みにもなります。

でも、そうした賛辞以上に、僕はあえて批判に目を通すように心がけています。それが次につながるからです。

「つまらなかった」という意見はもちろんのこと、「不快だった」「あそこまで言うと何か嫌な感じがした」といった意見を見て、ではどうすればよかったのか、を考えるのです。その人は何を不快に思ったのだろうか。どうして嫌な気持ちになったのか。それは改善できなかったのだろうか。あれこれ分析するのです。

こういうスタンスについては異論がある人もいるでしょう。

「作り手がそんなところまで気にする必要はない。クレームや悪口をいちいち気にしていたら、萎縮してしまって面白くなくなる

たしかに、そういう考え方にも一理あるとは思います。

繰り返しますが、全ての人に全く不快感を与えずに番組を作るなどといったことは不可能です。見た人全員に納得してもらうことも難しい。だから、そんなことを目指しているわけではありません。

ただ、「嫌な感じ」と思う人が10パーセントいたとして、こちらの工夫や配慮でそれを9パーセントに抑えることはできたかもしれない。だとすれば、そのための努力は欠かさないようにしたい、と考えているのです。

僕らの場合、よく自虐的なことをテーマにします。「運動神経悪い芸人」「中学の時イ

ケてない芸人」「バツイチつらいよ芸人」等、いずれもその方向性のものです。このテーマの場合、似たような境遇の人が、「そうそう、みんなそうなんだな」と思って元気になってもらえるか、それとも見ているうちに辛くなってくるか、そこは紙一重のラインです。そのラインがどこにあるのか、ということには常に敏感でありたいのです。

「損する人」を作らない

もちろん、番組に「毒」の部分は必要です。

特に「ロンドンハーツ」は、芸人同士が互いの欠点、恥ずかしいところを表に出していって、みんなで面白くするという要素が強い番組です。一定の量の毒はどうしても必要になります。でも、その毒を入れながらも、不快に思わず楽しんでもらえるように、「毒」をコーティングするにはどうすればいいのか、そこに細心の注意を払っているのです。

これは番組のことだけを考えているからではありません。番組の出演者が「出て損をした」と思わないような作りにしたい、と強く意識しているからです。

もちろん、浮気ドッキリにひっかかったり、欠点をイジり合ったりすれば、多少好感度が下がることはあるかもしれません。でも、その分、「面白い」という方向の評価が上がるとか、女性ファンは減ったけれども男性ファンは増えたとか、つまり多少ダメージを受けて、芸人として大きな笑いを生み出せるように工夫をこらし、「出ていいことがなかった。損した」ということにならないような配慮をしています。

ほんのちょっとした編集上の配慮で、その出演者の印象がガラッと変わってしまうことがあります。例えば、

「これは浮気された方に責任がある……うーん、もしかしたらそんな考え方もあるかもしれないですよね」

と出演者がコメントしていたのに、後半部分をカットして、

「これは浮気された方に責任がある」

という具合にして放送してしまう。あいまいな表現を用いて物を言っていたのに、断定したようになってしまい、まるで印象が変わってしまう。

ほんのちょっとの差で、この出演者は反感を買い、好感度を下げてしまうことにもなる。これはあくまで一例ですが、こうした誤解は「ちょっとした配慮」で防ぐことがで

きるのです。

人の生死はネタにしない

見る人に不快感を与えたくない、という話の続きです。

基本的に、新しいものを作っていく上で、「あれもいけない」「これもいけない」といったタブーを多く作ってしまうのは考えものでしょう。発想はできるだけ自由な方がいい。

ただし、僕は番組でこれだけは絶対にやらないと決めていることがあります。

それは、「人の生死をバラエティのネタにする」ということです。生死に限らず、病気についてもかなりナーバスに扱っています。

病気の場合、当事者がネタにするのはかまわないと思います。ナインティナインの岡村（隆史）さんは、長期の病気休養のことをネタにしています。ただし、これはあくまでもプロの芸人が自分の責任、自分の技術でやっていること。

絶対にやらないというのは、深刻な病気、自殺などをテーマにして、VTRの見出しに使うような手法のことです。

「自殺を考えた彼女は、この後どうしたか？　続きはＣＭの後で！」

「余命の宣告をされた後、彼がとった意外な行動とは⁉」

という感じのナレーションやテロップをご覧になったことはないでしょうか。

こういうものは絶対にやりたくないと考えています。もっと言えば、安易にこういうテーマを扱うバラエティ番組は許せない、とすら思っています。

シリアスなテーマをテレビで扱うな、と言うつもりはありません。ニュース番組やドキュメンタリー番組であるならば、何の問題もないと思います。伝える意義があれば、放送すべきです。

でも、バラエティ番組では違うだろう、と。

日常の嫌なことを忘れたい。元気になりたい。バカなことをやっている姿を見て大笑いして、スッキリしたい――。もしかすると、本当にご自身や身内の人が病気などで深刻な状況にあって、つかの間の娯楽として、笑いを求めている人もいるかもしれません。そんな気持ちでテレビをつけたのに、生死を安易にネタにしていたら、そういう人たちを見る前よりもつらい気持ちにさせてしまうでしょう。

生死や病気というテーマは、それ自体がドラマチックな要素を含んでいるので、ある意味では番組にしやすいという面もあります。でも、だからこそ安易に商売に利用するようなことはしてはいけないのです。

7…計算だけで100点は取れない

「段取り通り」はダメな奴

「アメトーーク！」の収録中、僕は出演者とお客さんの間、通常はフロアD（ディレクター）がカンペ（カンニングペーパー）を出すあたりに座って見ています。基本的に事前に決めた段取りについては、そのカンペ（通称・進行カンペ）に書かれていますが、それ以外に空気や状況を見ながら、僕もカンペ（通称・アドリブカンペ）をその場で書いて出していきます。

トークの流れを読みながら、「ここをもう少し掘り下げて欲しい」とか「あの話をもう1回振って欲しい」という具合に感じたら、そう書いて指示を出すわけです。大人数のトーク番組で、お客さんもいる収録現場というのは、いわば生き物みたいなもの。その時、その時で、一番面白くなるように、出演者もスタッフも考えています。だから、常にその場の空気を読みながら、臨機応変に対応して、指示を出す必要があるのです。

ディレクターの良し悪しの差は、ここにはっきり出ます。

いいディレクターは、段取りを頭に入れておきながらも、その場で瞬時に判断をして、起きたことに臨機応変に対応できます。段取りから外れていっても、その展開が面白ければ、そこを膨らませるし、逆につまらなければ自然な形で戻すようにする。

一方、ダメなディレクターの典型は段取りや台本にこだわりすぎてしまうタイプです。

例えば、ロケに出て、台本とは別の流れになったとします。A→B→Cのはずが、Bを飛ばしてA→Cとなってしまった。アクシデントによる場合もあれば、出演者の機転やノリによる場合もあるでしょう。

こういう時に、ダメなディレクターはムリヤリ段取り通りに戻そうとして、出演者のテンションを下げたり、不信感を抱かせたりします。演出の責任者に電話して、「どうしましょうか」と言ってくるような人までいるそうです。

でも、もともと段取りや台本は、あくまでも会議室で作られたものにすぎません。実際に生身の人間が、生身の人間相手に話をすれば、その通りにはいかないのは当たり前。

ロケの場合は、天候だってこちらの思う通りにはならないのです。

いい料理人は、その時の仕入れの状況や天候、あるいはお客さんの年代、好みなどさまざまな要素を元にメニューを組み立てるといいます。それと同じことだと思います。

そもそも段取り通りに進むことは、一見いいことのようですが、実はそうでもありません。

脳の中で勝手に考えたものが形になるだけでは、決してこちらの想定を超えることがないからです。それで80点にはなったとしても、100点になることはありません。

残りの20点はどこにあるか。現場でのアクシデントやハプニング、出演者たちによって生まれるノリや爆発力、つまりこちらの予想を裏切るような展開の中に潜んでいるのです。

それをうまく活かせられたら、100点どころか200点になる可能性もあるし、活かせなければ、80点どころかもっと低くなってしまう可能性もある。

だから僕は、アクシデントやハプニングがあると、胸が躍るのです。

アクシデントこそ腕の見せ所

追い込まれた挙句に、限られた選択肢から最適と思われる答えを瞬時に選ぶ。それがピタッと決まった時の爽快感は、簡単に言葉では表現できないものがあります。

こうしたハプニングへの対応力は、入社から4年間、スポーツ中継番組を担当していたことでつちかわれたように思います。

スポーツ番組において、段取りはあまり意味がありません。どんな展開になるのかが分からないのは当たり前。事前にあれこれ素材を準備し、取材もしてきた注目選手が、突然のケガで出場しないこともあります。つまり、スポーツ番組を作る上で、重要なのは、その場で起きたこと、目の前にある材料をどう料理するかということです。

「ロンドンハーツ」では、以前、こんなアクシデントがありました。大型客船の中で、ドッキリをしかけていた時のことです。

僕らは船内でのデートシーンを隠し撮りしていました。ドッキリとは知らずにデートをしているターゲットから離れた船室で、我々スタッフと出演者は、隠しカメラの映像を観察。その様子も撮影していました。

ところが、急に船の電源が全部落ちてしまったのです。当然、真っ暗になり、ＶＴＲもストップ。収録ができない状況になってしまいました。技術スタッフを中心に、現場はパニック。

でも、その時、僕はこの様子そのものがとても面白いと思い、「これを使えばいいや」と判断しました。幸い現場には電源を必要としない小型のビデオカメラがあったので、それを手にして、パニック状態の現場やスタッフの様子を撮影し始めたのです。

ロンドンブーツの（田村）淳にも、そのことを耳打ちしました。長年一緒にやっている淳は、この状況そのものがプラスになる、ということをすぐに分かってくれたので、慌てることなく、むしろ面白がって進行を続けていきました。

もちろんこの様子は、そのまま放送の中で使いました。

結果として、スムーズに事が進んだ時よりも、停電によるパニックのシーンもあった方が、明らかに面白い番組になっていたし、ドッキリがよりリアルに感じてもらえたと断言できます。言うまでもなく、会議室で「このへんで停電でもやってみる？」ということを決めていては、このリアルな面白さを出すことはできませんし、そもそもそんなこと思いつきもしません（笑）。

結局、こちら側の手腕が問われるのは、物事が段取り通りスムーズに進んでいる時よりも、それが破綻した時なのです。

「矛盾」は人をしらけさせる

ハプニングや出演者の爆発力に期待する、というのは、全てを出たとこ勝負、出演者まかせでいいという意味ではありません。それはあくまで現場で生まれるプラスアルファであり、１００点を目指す上では、企画構成の段階できちんと及第点の80点にしておくのが大前提です。

そのためには何が必要か。これを一言で言うのはなかなか難しいですが、１つには、企画に「矛盾がないようにしておく」ということが大切だと思います。ここで言う「矛盾」というのは、「ねじれ」というような言い方をしてもいいかもしれません。

例えば、ドラマで言うと、最初はあまり気がきかないキャラクターだったはずの登場人物が、ストーリーの途中から緻密で頭の切れるキャラクターにいつの間にか変わっていくようなこと。おそらくストーリーの都合上、そうしたのでしょうし、気にしない視聴者もいるかもしれませんが、こういう「矛盾」は、どこか無理があります。

バラエティ番組でも、突然企画を聞かされたはずの司会者が、次のシーンでは完璧に進行をこなしていたり、旅ロケの途中、「行き当たりばったり」で入った店のはずが、全て用意周到に対応できていたり。

もちろん、それもある程度テレビ的演出のうち、と割り切ったり、「まあ細かいことはいいじゃないの」と大らかなとらえ方もあったりするとは思います。

しかし、作り手の側は、そういう「矛盾」をできるかぎりなくすべきだと僕は考えています。

例えば「ロンドンハーツ」内の「格付けシリーズ」は、街角のアンケートを元に、10人のゲストの格付けランキングを発表する、という内容です。例えば「結婚生活が長続きしそうにない人」というように、異性から良い印象を持たれているかどうかという内容のランキングです。

スタジオでは、まず10人のうち1人に全員のランキングを予想してもらい、もしも1位から10位まで予想が全部的中すれば、賞金100万円を進呈することになっています。

予想者は、一生懸命に予想し、その理由も話します。

「あの人は先輩ながらセコいから」「この人は浮気グセが抜けないから」といったコメントと、それに対して言われた側のリアクションや反論などが笑いを誘います。

実際のところ、全部的中させるのは至難の技ですから、100万円を獲得できた人はいません。

それでもなぜそういう設定にしているのか。この設定がないと、先輩について失礼な物言いをしたり、暴露をしたりする「動機」がなくなってしまうからです。

もしも100万円がなくて、単に予想をするだけ、となったらどうでしょうか。

その予想者はなぜ先輩にニラまれることも承知の上で、爆弾発言をしなければならないのか。もちろん、その場を盛り上げるため、笑いをとるため、ということになるのでしょうが、それでも、あえて「そこまで言うか」という発言をする必然性が見つからないのです。

これが「矛盾」です。

このあたりを、意外と気にしない人も多いようですが、見ている側に「なんかヘンだな」という不自然な印象を与えてしまうのは事実です。その不自然さは、どこかで見る側のストレスにつながり、しらけさせてしまいます。

「格付けシリーズ」も、この「矛盾」に気付かず、賞金をかけていなければ、ヒット企画にはなっていなかったはずです。内容の面でも、あれほど爆発力のあるトークバトルにもなっていなかったでしょうし、出演者が収録中に泣いてしまうというハプニングも起きなかったでしょう。

8…マジメと迷走は紙一重

悩むと脳が腐りだす

この業界で仕事が遅い人には共通点があります。設定された締め切りを意識したペース配分ができないことです。

何かを完成させるために1週間あれば、それに合わせたペースで進めればいいし、2日間しかなければ、そのゴールまでに最大限の力を発揮できるペースで進めればいい。当たり前のことを言っているようですが、時間を意識して時間通りにやれない人が意外と多いのです。

例えば1時間番組のために収録したVTRが3時間分あるとします。1時間番組といっても、正味は45分前後。

これを編集するにあたっては、まず3時間のものを1時間半に、その後で1時間にして、50分にして最終的に45分にする、といった手順が典型的な進め方でしょう。

でも、このとき、最初の1時間半のものを作る時点であれこれ細かく悩んでしまう人がいます。どうせその後でまた、細かい調整をするのですから、その段階であまり悩んでもしかたがないのに。

つまり、まだ悩む段階ではないのに悩んでいる人、悩むタイミングが分かっていない人は仕事が遅くなります。

こういう人は順を追って仕事をしたがる傾向にあります。だから「オープニングトークのこのひと言をカットすべきかどうか」と悩み始めると、そこで作業が止まってしまう。もしかしたらオープニング自体全部カットする可能性もあるのに……。

最初からこんな調子でずっと悩んでいては、脳が腐っていくだけです。

そういう時は、いったんそのシーンを飛ばしてしまい、すぐに判断できるところから先に作業を進めてしまえばいいのです。

いったん置いて別の作業を進めていると、ひっかかっていた部分の解決策が見えてくる、ということはよくあること。そうか、ここに○○があるなら、あそこの△△はいらないじゃないか、と。

下手に生真面目な人は、きちんきちんと最初から問題を解決していこうとするので、時間はかかるし、脳ミソは疲れてしまう。

もちろん、ひっかかりがあった時に悩むことは大事です。

でも、大切なのは「ただ悩む」のではなく、「いい状態で悩む」のです。

前述の「会議で煮詰まったらテーマを変える」のと同じで、とにかく脳をフレッシュな状態にしておくことが大切なのです。

だから、いい仕事をするためには、締め切りのような時間的な制約があった方がいいように思いますし、時間に限らず、「制約があるからこそいいものはできる」という面はたしかにあります。

「予算はいくら使ってもいいし、好きなようにいつまででも作っていていいよ」といった、自由すぎる状況で、番組を作れと言われたら、逆に何をすればいいのかと途方にくれてしまうでしょう。

予算に限りがあるからダメ、ではなくて、「予算内でどうしようか」と必死に考える。時間に制約があるからダメ、ではなくて、「期限内にどれだけ質を向上させようか」

と必死に考える。

内容に制約があるからダメ、ではなくて、「このルール内でどう面白くしようか」と必死に考える。

つまり新たな脳ミソを使うのです。

制約は、「考える材料」を提供してくれるものです。それと同時に、「新たな脳ミソ」を使う機会も与えてくれる、なくてはならないものだと思っています。

1分でも早く仕事を終わらせる

京都大学出身で「インテリ芸人」とよく呼ばれている、ロザンの宇治原（史規）くんが受験勉強のコツについて、こんなふうに話していたことがあります。

「自分は、問題集を1冊やる時に、終わらせるゴールの日を先に設定してから、1日のペースを逆算して決めていた。例えば300ページもある問題集でも、60日間で終わらせるとすると、1日わずか5ページ。このペースを必ず守る。そう決めたら、どんなに調子がいい日でも5ページ以上はやらない」

普通、ついつい気分が乗ってくると10ページくらいやってしまいがちです。でも、それは絶対にやらないようにしたそうです。なぜなら調子がいいからといって10ページやると、調子が良くない時には「この前がんばったから、今日はやらなくていいや」となってしまう。すると、結果的に0ページの日が出てきてしまい、いつの間にかそれが続いて、結局最後までいかないからだと言うのです。

これは先ほどの制約に通じるところがあるように思います。僕は仕事は1分でも早く終わらせたいと考えています。仕事そのものは好きですが、ダラダラやることによって仕事のクオリティが下がると考えているからです。

仕事が遅い人、集中力が続かない人はペース配分がうまくない人が多いように思えます。そもそも集中力が高まっている状態とはどういう状態なのか、そういったことも理解できていないようにも見えます。

「ギリギリに追い込まれた時に、驚異的な集中力を発揮する」なんて言う人もいますが、追い込まれた時にはどちらかというと冷静さを欠いている方が多いような気がしてなりません。

以前、「アメトーーク！」で「読書芸人」をやった時に、ピースの又吉（直樹）くんが、「本を読む『読書脳』がキレキレになる時間帯がある」といったことを話していました。僕には「読書脳」はありませんが、「編集脳」が活性化している時間帯はあるようです。

誰でも自分にとって集中できる時間帯、ベストの時間帯があるのではないでしょうか。僕も、その時間帯に編集作業をすることにしていて、「今から集中してやる」と決めたら、その間はメールもしないし、電話にも出ないようにしています。

そして、数時間が経ち、集中力が切れた時、僕は気分転換に別の番組の編集作業に入ります。会議と同じように、テーマが変わるとまた集中力が増すからです。

そうやって、フレッシュな状態、集中力のある状態をいかに保つかを工夫することで、長時間の仕事を1分でも早く終わらせ、クオリティを下げないようにしているのです。

制約が効率を生む

僕は、スタッフにも「編集にかける時間をなるべく減らせ」と言っています。編集が下手な人は、とにかく何回も同じ素材を見ます。一見、その姿は真面目で、仕事熱心のような感じもしますが、決してそうではありません。

視聴者は1回しか番組を見ません。

だから、その視聴者と同じ気持ちになるには、見る回数が少ない方がいいのです。経験則で言うと、編集が遅ければ遅いほど作品のクオリティは低くなります。

僕の場合、「アメトーーク！」を、放送時間分に編集するまでは3回くらいしか見ないようにしています。下手に何度も見ていると、そのうち何が面白いのか分からなくなり、迷走してしまう。それではどんどん視聴者の気持ちから離れてしまうからです。

結局、脳を一番いい状態にキープできていないから、仕事は長くなり、クオリティも下がる。いいことは全くありません。

もちろん、速さだけを目指しては本末転倒でしょう。すでに述べたように、テロップやMA（音声編集）などの細かいところには、おおよその編集が終わった後でかなり時間をかけていきます。ここはある程度、自己満足の領域に入ってくる面もありますが、ベースは視聴者に気持ちよく見てもらいたい、というところに目的を置いています。

見る側の生理を考えない「編集のエゴ」の話はすでにしましたが、似たようなことはしょっちゅう目にします。例えばナレーションを普通に読むと10秒かかるけれども、8

秒以内におさめないといけない、という場面。こういう時に、「2秒縮めたいんで、早口でお願いします」という作り手が多いのだと、あるナレーターさんから聞きました。

しかし、ナレーターさんは、ベストのペースや抑揚で、最も伝わりやすく原稿を読むようにしているのです。こっちの勝手な都合で早口にされれば、その分、視聴者は聞き取りづらく、伝わりにくくなります。見ている側は迷惑なだけです。

僕はこういう時、単語を削ったり、表現を変えたりして文字数を減らして、8秒で収まるように書きかえています。目的はナレーションを時間内に収めることではなくて、視聴者に内容をきちんと伝え、感じ取ってもらうことだからです。

9…企画書を通すにはコツがある

短く書いて「減点」を減らす

僕が新番組の企画書を出す時は、Ａ４用紙２枚以内に収めるようにしています。だから分量的にはかなりペラペラで薄いものです。

でも、その方が通る可能性が高いと思っています。

なぜ分厚い企画書よりも、薄い企画書がいいのか。

それは企画書を見る側の心理を考えればよく分かると思います。分厚い企画書が手元に届けられたとして、それをどこまで本気で読むか。かなり怪しいものです。

その１本しか提出されていないのならば、話は別ですが、たいていは数多くの企画と競合するわけで、それらを全部熟読できるはずがありません。だから、要点が短くはっきり分かるように書かれていた方がいいのです。

「こんなこともできる」「こんなこともやりたい」とたくさん書けば、それだけ熱意は伝わるはず、と思うかもしれませんが、これも違うと思います。

例えば企画書の中に、10本の「やりたいこと」「できること」が書いてあったとします。けれど「10本も面白いことが書かれていて、素晴らしい！」とはならない。なぜなら、見る側は、どうしても「減点方式」で見てしまうからです。

「①〜③は面白いけど、後はイマイチだな」というふうに、批評を始めてしまう。すると、「3本面白いことが書いてあった企画書」ではなく「7本ダメなことが書いてあった企画書」という印象になるのです。下手したら、10本のうち9本素晴らしくて1本ダメな場合でも、全体的にダメという認識を持たれてしまう可能性だってある。

それならば、面白そうな概要だけを書き、後は読む側に想像してもらう。相手に「こんな面白いこともあるかもしれない」と思わせる、企画書の「余白」を作るのです。

そして最後に「詳しくは後日改めて」と書いてしまえば、良い印象だけが残ります。

もちろん、ただ中身が薄いだけじゃダメです。

「何をやりたい（見せたい）企画なのか」「何が面白いのか」を、どれだけ短く、しかもきちんとアピールできるかがポイントになるのだと思います。

熱意を伝えるのはメールで

「企画書は薄く」という理屈は分かるけれども、それだけで本当に熱意が伝わるのだろうかと、不安になるかもしれません。

どんな業種の人にも有効かどうかは分かりませんが、僕の場合、企画書に書ききれなかったこと、でも言っておきたいことは、あえて別にメールで訴えるようにしています。

企画書を提出した相手に、「何でこれをやりたいのか」について熱意をこめた文章を社内メールで送るのです。プライベートのケータイに長文のメールを送る時もあります。

なぜ、口頭ではなくてメールなのか。

熱意などを真剣に伝えるには文字の方がいいと考えているからです。

よく言われるように、手書きの手紙というのは、それだけでちょっと熱意が伝わってきます。僕も仕事関係の依頼などで、たまに手紙を受け取ることがありますが、やはり印象に残りやすい。

不思議なもので、知り合いのつてをたどって依頼とか打診をされるより、全く知らない人からであっても手書きの手紙で口説《くど》かれた方が、感情を揺さぶられたりするものなのです。ちなみに、この本も、編集担当の方から依頼の手紙をいただいたのがきっかけでした。

しかし、社内で上司に手紙というのも、ちょっと不思議な感じですから、メールで熱意を伝えています。

直接顔を合わせて、熱く語った方がいいんじゃないか。メールなんてよそよそしい。そう思う人もいるかもしれません。実際に、そのやり方が向いている人もいるのでしょう。

しかし、会話の場合、意外と言いたいことがきちんと伝わらないことも珍しくないのです。話術の問題もあるでしょう。相手によっては、こちらの言うことをはぐらかしてくることもあります。また、話の途中に電話など、色んな邪魔が入れば、気勢もそがれてしまいます。

それがメールであれば、とりあえず最初から最後まで目を通してもらえます（全然見ない人もいるのかもしれませんが、それはもう仕方がありません）。さらに、何度も自分の文章を読み返して、不快感を与えないかを確認することもできます。

だから、絶対にやりたい、という企画に関しては、メールで一生懸命に文章を打って、そのやる気を伝えるようにしているのです。

企画意図は後からついてくる

企画を通すには、さまざまな人を巻き込むことが肝《きも》になってきます。

上司には気持ちよくOKしてもらわなくてはいけないし、スタッフたちも乗ってくれないと、いいものにはなりません。

当然のことながら、そのためには関係者たちに、メリットすなわち「これを通すといいことがあります」というアピールをする必要が出てきます。しかし、問題は企画を考えた時点では、みんなにとって明確なメリットがあるとは限らない、ということ。

自分自身の企画でも、基本的には「これ、面白いからやりたい」という気持ちが先にあります。決して関係各位の顔を思い浮かべたり、最近の言葉で言うところの「Ｗｉｎ-Ｗｉｎの関係になるように」などと考えたりしません。

では、どうすればいいのか。

あまり大きな声では言えませんが、ときに企画意図は後付けでもいいんじゃないの、と思っています。

前で例に挙げた「ゲストとゲスト」というミュージシャンと芸人が対談する深夜番組の企画を通した際は、明らかに後付けで理屈を考えました。元はと言えば、桑田さんのことがとにかく好きで、あれこれ気になる点を分析していくうちに、「こういうことをミュージシャンに深くじっくり聞く番組を作りたい」と考えただけです。客観的に見ればかなりパーソナルな動機です。

でも、その「作りたい」という気持ちだけでは、いまひとつ説得力に欠ける。そんな気がしたので、別の工夫をすることにしました。

そもそも、芸人は何とか口説けるとしても、ミュージシャンがこういう番組に出演してくれるかどうか、そのあたりが自分にはよく分からなかったのです。そこで、後輩の「ミュージックステーション」担当者に相談してみました。

彼は「大丈夫じゃないですか」と言ってくれました。そこで、今度は「じゃあ連名で企画書を出させてくれないかな?」とお願いしてみたのです。

なぜ彼を巻き込む必要があったのか。それを「企画書的」に説明すると、次のようなことになります。

「ミュージシャンと芸人が出演する番組を、『ミュージックステーション』を作っている音楽班と、『ロンドンハーツ』『アメトーーク！』を作っているバラエティ班が共同で制作する。その意義は、単にこの深夜番組を作るだけにとどまらず、互いのノウハウを学び合える場を作れるという点にある。

いずれ、こうした交流は、より大きな形での新しい音楽バラエティを制作する上で、必ず大きな意味を持つこととなるだろう」

なんだかこうして見ると、すごく意義のある企画のような感じがしてきますが、すでにお話しした通り、企画を思いついて「やりたい」と思っている時点では、こんな立派なことは、全く考えていませんでした。

でも、企画を通す上では、こういう論理があった方が絶対に説得力があります。それに、念のために申し上げておきますが、決して嘘をついているわけではありません。

この番組を作ることで、「今後の副産物が期待できる」というのは、でっちあげではなく、むしろ、その意識は番組の制作過程で明らかに強くなっていきました。

もちろん、大して面白くないもの、意味のない企画を通すために、理屈をでっちあげたり、データを作ってしまったり、というのは論外です。

でも、もしも企画の意義、面白さに本当に自信や確信があるのならば、まずは実現させるための状況を作る。そして論理で補強する。それでいいのではないでしょうか。

10…かわいがられた方が絶対にトク

芸人のかわいさ

最近、後輩芸人からイジられることが増えた千原ジュニア。「ロンドンハーツ」でも、後輩のザキヤマことアンタッチャブルの山崎弘也くんのフリに応じて、彼のアゴを舐めさせられています。

でも大阪にいた若手時代は、鋭すぎる目つきと尖った性格ゆえに「ジャックナイフ」と呼ばれ、後輩から恐れられる存在だったのは有名な話です。実際、「ジュニアが東京に進出する」と聞いた出川哲朗さんは、怖くて仕方なかったそうです（出川さんの方が10歳くらい年上ですが……）。

そんな僕がジュニアに初めて会ったのは15年くらい前、彼が東京に進出してまだ間もない頃でした。あまりに僕の先入観が強すぎたのか、「ジャックナイフ」のようでは予想よりもなかったのですが、それでも一目置かれるような、近寄りがたい存在感でした。

それ以来、「ロンドンハーツ」や「アメトーーク！」を通じ、何度も仕事をし、現場でもたくさんしゃべってきたにもかかわらず、僕はジュニアに一歩踏み込むことができませんでした。

それが最近、吉本興業本社でジュニアと偶然会った時に、「ごはんに連れて行ってくださいよ」と誘いを受けたのです。僕もジュニアに「もう一歩踏み込みたい」と思っていたので、すぐにスケジュールを合わせて2人だけで食事に行きました。気付けば1軒の店で7時間も話し込んでいました。

こうして僕はようやくジュニアに「一歩踏み込めた」わけですが、このとき僕は彼の「あるキャラクター」を初めて知りました。

それは「かわいさ」です。

真面目にお笑いのことを話しながらも、「かわいさ」をちょこちょこ見せるのです。

もちろんジュニアがかわい子ぶったしゃべり方をするとかではありません（笑）。兄弟の「下の子」特有の無邪気さというか、素直さというか、それが垣間見えたのです。

「そうか、このかわいさだったのか！」

「ジャックナイフ」時代には見られなかった「かわいさ」が今はあるからこそ、後輩芸人たちも「ジュニアさんをイジりたい」と思うようになったのでしょう。この時まで僕は、「イジられている時の受け方のうまさ」が理由だと思っていたので、新たな発見でした。

ちなみに芸人さんは売れるにつれ、面白さや技術だけでなく、「かわいさも身に付けていく」と僕は分析しています。

雨上がり決死隊の蛍原（徹）さんのトレードマークの「おかっぱヘア」。今のように活躍する前は普通の髪型でした。あの髪型に変えて「かわいさ」を手にしたのではないでしょうか。

毒舌が人気の有吉弘行くんも、最近は「かわいさ」を身に付けたと思います。あまり細かく言うと彼の「企業秘密」をバラすみたいなので書きませんが、1つには、「アメトーーク！」の「人見知り芸人」や「女の子苦手芸人」で見せる内面の弱さを「かわいさ」に変えているように思います。それが毒舌とまざって、絶妙なバランスになっているのではないでしょうか。

さらに、「太る」というのも「かわいさ」を加える要素だと思います。太ってくると顔が丸くなり、ちょっと滑稽な感じになる。

出川さんが一番わかりやすいかもしれません。昔はかなり細く、あの声質と相まって、うるさいイメージが強かったのですが、今では全体が丸っこくなり、マスコット的な面白さが出てきています。あまり気付かれていませんが、狩野英孝も「僕イケメン」と言っていた頃よりも全体に丸くなっていますし、「イッテQ！」のお祭り男として子供に大人気の宮川大輔くん、そしてザキヤマも、実は同じように少し太ってきています。

笑いを届ける芸人という職業は、やたらとトンガって、孤高の道を歩む、というようなタイプで成功することもあるのかもしれませんが、基本的には「かわいい人」「いい人」の方が成功しやすいように思います。

劇場で自分達のネタを見せるだけなら、孤高のタイプでもいいのでしょうが、今のバラエティ番組ではチームプレイが必要とされます。あまり変わった人、偏屈な人では笑いをつくりあげるのが難しい時代なのだと思います。

口のきき方で衝突を避ける

かわいさが有効だというのは、会社員にもあてはまります。

若手社員が「トンガった」企画を通したいのに、先輩たちが理解してくれない。そこで「なんでこれが分かんないんですか！」と熱く語り、時にはつかみ合いに……こういうパターンのドラマがあります。

ドラマの場合はかなりの確率で、若手の企画が認められてハッピーエンド、ということになるのですが、実際はどうなのでしょう。

僕はADの頃から、会議などで思ったことを割と平気で口にしてきました。

「これ、このままのオチでいいんでしょうか」

「この部分って本当に必要でしょうか」

という感じです。

ただ、その時の言い方には結構気を遣っていました。ストレートに言うのではなくて、「よく分かんないですけど……」とか「俺は思っちゃったんですけど……」といったフレーズを前か後に置く、という物言いにしていたのです。

「よく分かんないですけど、これ、このままのオチでいいんでしょうか」

「つながりを考えると、この部分って本当に必要なのかなって、俺は思っちゃったんですけど、どうなんですかね」

結局、下手に強い物言いをして、「お前の意見なんて聞きたくないよ」と思われてしまっては、何もいいことがないからです。

自分の意見を聞いてもらうためには、憎まれないようにすることが大事だと思うのです。「かわいさ」がある人の方が意見は聞いてもらえる。

こんなふうに言えるのも、大失敗の経験があるからです。恥ずかしながら「なんでこれが分かんないんですか!」時代があったわけです。

まだ入社2年目の頃、スポーツ局に配属されてゴルフトーナメントの中継番組を担当していたことがありました。ゴルフの中継というのは、生放送のように見えるものでも、少し時差(1~2時間)をつけて編集した上で放送していることがあります。

時間がない中でどのシーンを放送するかは、かなり編集側のさじ加減になるわけですが、この編集について上司とぶつかってしまいました。細かいことは省きますが、「放送事故を起こさないように」ということを第一に考えている上司に対して、「いや、絶対落としてはいけないシーンは、多少リスクがあっても入れるべきだ」と反論したのです。

でも、いくら言っても上司は聞き入れてくれません。

その態度にまた腹が立ってきて、VTR室（編集室）でこっちは怒ってばかり。

最終的には、上司から、

「うるさい！　出て行け！」

と怒鳴られて僕は、

「何だよ！　ここはクソばっかりだ」

と捨て台詞を残して、部屋を飛び出してしまったのです。

もちろん、意見は通りませんでした。後になって「ああいう言い方をして、すみませんでした」と頭を下げに行くことになったのは言うまでもありません。

その時主張した内容自体は全く間違っていなかった、と実は今でも思っています。

でも、だからこそ、その意見を通すことができなかったのは、相手を説得できる言い方ができなかった、こちらに問題があったのです。そして何より視聴者にそのシーンを見せることができず申し訳なかった、と。

その場でかっこよく「男らしい」物言いをして、相手とぶつかって、結局、意見を通せないのと、相手に「あいつの言うことなら聞いてみよう」と思ってもらって、意見を通すのと、どっちがいいか。

今の僕ならば間違いなく後者を選びます。

その場の感情に任せて、正論を熱く語っても、聞いてもらえないのならば何の意味もありません。本当に正しい意見であるならば、伝え方さえ間違わなければ必ず誰か耳を傾けてくれるはずです。

その経験もあって、僕はできるだけ「かわいい感じ」を心がけています。

下手に人に恨まれても意味がありません。こういう「芸風」のおかげで、いまでは会社の行事などで、社長や役員の方々をネタにしたり、イジったりすることもできるようになりました。

「しょうがねえなあ」

というふうに、みんななんとなく苦笑しつつも納得してくれています（みなさん器が大きい方なので、助かっていますが……）。

こういう話をすると「媚びている」と受け止める人もいるかもしれません。世間的にも「媚びる」というのは、あまりいいイメージではない。

でも、問題は媚びることそのものではなくて、何のために媚びるのか、その目的であるような気がします。自分が出世するためであれば媚びたりはしません。でも、目的が「面白いものを作るため」であれば、どんどん媚びてかまわないと僕は思っています。

会社で大きな勝負をする時のためにも、自分の言うことを聞いてもらえる環境を整えておくことが大切なのではないでしょうか。

ホメ上手はポイントを絞る

関根勤さんは、2013年で60歳という大ベテランの方ですが、テレビで見るのと同じ感じで、僕らや若手芸人にも丁寧に接してくださいます。中でも感激するのが、番組の感想を具体的に、実に嬉しそうに言ってくださる点です。

「この前のあれ、面白かったねえ。特にあの有吉（弘行）くんの毒舌と熊田（曜子）の返し、最高！」

こういうことを言われると、たまらなく嬉しくなります。中学時代、関根さんと小堺一機さんのラジオ番組のハガキ職人だった自分としては、喜びもひとしおです。

考えてみると、感想を言うのでもとてもうまい人と、そうでもない人がいます。その違いは何かと言えば、具体的なポイントが入っているかどうかだと思います。

「この前の『アメトーーク！』面白かったですねえ」

これだけでも、もちろん嬉しいです。でも、ちゃんと全部見てもらえたのかどうか、下手したらほんの2、3分しか見てもらえていないかもしれない、とちょっと不安になってしまう。でも、

「この前の『アメトーーク！』面白かったですねえ。特にあの運動神経悪い芸人vs.少年野球の対決、最後感動して泣きそうになりましたもん。まるでスポーツドキュメンタリーを見てる感覚でしたよ」

というように、具体例があればあるだけ、ああ本当に面白いと思ってくださったんだなあ、と感じることもできるし、そこから会話も広げていける。

逆にこちらが感想を言う際には、感想に質問をプラスするのもいいやり方だと思います。本当に面白いと思ったり、興味を持ったりした場合には、必ず何か聞きたくなるは

ずです。

「あの部分、現場はどんな空気だったの？」「あのやり取り、本当はもっと長いんじゃない？　編集で短くなってるでしょ？」

こんな感じです。相手の答えを聞けば、自分の分析が正しいか違うか、答え合わせもできるし、勉強にもなる。その答えから別の話へと展開して、相手の色んなことを知ることができたり、こちらの考えを知ってもらえたりする。

もっとも、自分が感想を伝える時には、言うことがあまりなくて質問でごまかしてしまうこともないわけではありません。僕はよく芸人さんたちのライブに招待していただきます。チケット代を払わずに見ているのだから、楽屋に行ったら感想くらいはきちんと言わなければならない。そう考えているので、見ているうちに「何を言えばいいのか」がどんどん気になってくるのです。

困るのは、うーん、どう言えばいいのか……というケース。僕は面白いと思えなかったら、お世辞でも「面白かった」とはどうしても言えない性格なのです。そんな時は、もうどうしていいのか分からなくなって、

「えーと……あの部分、アドリブ？」

などといった質問をしてお茶をにごしてしまいます。この部分を読んで、そういえばそんなことを言われた、と思った方、すみません。逆に「面白かった」と言われた方、本音です。

11…仕事は自分から取りに行け

あえて「遠回り」をする

最近、若いスタッフがどんなことを考え、何を感じているのか。「ロンドンハーツ」や「アメトーーク！」で仕事をしていて、幸せだと思っているのだろうか。そんなことを考えたりします。

本音を聞きだすには、強引に飲みにでも誘えばいいのかもしれません。しかし、僕は意外と気にしてしまう性格なので、一度でも「飲みに行く？」と誘って断られたら、なかなかその人を誘うこともできなくなってしまうタチなのです。

結局、いつ誘ってもついてくる同じようなメンツとばかり飲んでしまう。たまに、別の奴と飲もうか、と思っても断られるのが怖いので、まずはいつものメンツに声をかけて、ついでという体《てい》で「お、よかったら、お前も来る?」とえらい面倒なやり方で誘っていいます。僕自身は、飲み会で教わったことがとても多いので、もっと積極的にそういう場を作って、あれこれ話せばいいのでしょうが、誘う難しさと忙しさもあって、なかなかそうはいきません。

ここでちょっとしばらく、若い人たちに話すつもりで、昔の話をしてみます。

子供の頃からテレビ、特にお笑い番組が大好きだった僕にとって、テレビ局への入社を目指すのは、自然なことでした。本音を言えば、テレビ朝日は第1志望ではなく、一番入りたかったのはフジテレビ。バラエティと言えばフジ、というイメージが特に当時は強かったからです。

その気持ちが強いあまり、何を勘違いしたか、テレビ朝日の面接でも、「本当はフジテレビに入りたいんです」とうっかり口走る始末。普通ならば完全に不合格ですが、面接官の方の度量が広かったようで、通してもらえました。さすがに慌ててめちゃめちゃ否定したので、その様子が逆に面白かったのかもしれません。後に局内でその人に会った時に、感謝の言葉を伝えたところ、全く覚えていなかったのですが……。

そういうヘマもあった入社面接ですが、この時、僕にはちょっとした企みがありました。局内の志望部署について、です。

「配属の第1希望はどこですか。どんな番組を作りたいですか」

この問いに対して、「バラエティ」には一切触れず、「スポーツがやりたいです」と答えたのです。本音を言えば、もちろんバラエティです。でも、あえてそれは口にしませんでした。

そこには大学生なりのこんな計算がありました。

もしもバラエティと言ったら、面接官は次に必ず、「じゃあ、どんな企画をやりたいの」と聞いてくるはずだ。そこでいくらアイディアを言っても、面接官の個人的好みがあるから、どうしても好き嫌いで判断されてしまうのではないか。ピッタリとはまればいいけれども、外したらアウト。そもそも企画力なんかに自信もない……。それならば、バラエティ志望はいったん隠しておこう。

スポーツ志望だという回答には、そういう危険性が少ない。もともとスポーツ大好き少年だったので知識で押し通せる自信もありました。結果として入社できたのですから、この企みは成功だったのでしょう。

入社してからは、すぐに「志望」どおり、スポーツ局に配属されました。多少は入社のための方便というところもありましたが、スポーツが大好きだというのは嘘ではなかったので、なんの不満もありません。それどころか、たまたま若手不足の部署で、すぐにディレクターをやらせてもらえて、とても刺激的な経験ができました。

入社して1年半で「ワールドプロレスリング」のメインのディレクターになり、1人で毎週1時間の番組作りを担当。3年目には6時間の生放送である駅伝中継の総合演出になり、500人ものスタッフを仕切るという大役も任せてもらいました。前述の通り、臨機応変に対応することや、大勢の人との仕事の進め方、反射神経、良い映像を撮ること、ドキュメンタリー性等々、この時身につけたことは、今でも役に立っていることばかりです。

最初からバラエティに行かなかったことは、逆にとても幸運だったと思っています。

キャバクラでも「修業」はできる

入社5年目、27歳の時にバラエティに異動になりました。夢が叶ったわけですが、当然、ADの仕事を一からやらなければなりません。

これが大変でした。

スポーツ局とは仕事のスピード感が全く違いました。一度に考えなくてはいけないことの数が、バラエティの方が圧倒的に多かったのです。

それ以上に戸惑ったというか、つまずいたのは、なかなかその場に馴染めなくて、ちょっとしたことを発言するのも怖い、と感じてしまったことでした。

なんと言っても周りは、面白いことを仕事にしているプロばかりです。スポーツ局の中でなら通用していたような、軽いボケは全くウケない。仕事に自信をなくしていたことも重なり、決して無口ではない僕が、おそらく4、5か月の間はまともに口をきけない状態になってしまいました。

そんな状態から僕を救ってくれたのが「下ネタ」でした。

打ち上げで飲みに行った際、スポーツ局時代によく話していた下ネタを発したら、これがまさかの大ウケ。「面白いこと」のプロでも、「下ネタ」のハードルだけは低かったのです。

「よし、これが俺の生きる道だ」。そこからの動きはスピーディでした。

とにかくネタを仕入れるためにわざわざ雑誌を買い、ネタにできそうなキャバクラや夜のオトナの店に出向くようにしたのです。変わったサービスをするところに行けば、それだけで話題にできます。もちろん経費では落とせないので、ひたすら自腹で通い、一生懸命にネタを仕入れました。怪しい店ばかりに行くわけではなく、いいキャバクラはどこか、といった情報も集めました。そして、先輩と出かけて、下ネタを話したりして、場を盛り上げる。

こういう場数を踏んでいくうちに、ある日先輩が芸人さんとご飯を食べに行く時に「じゃあ、お前も一緒に来るか」と誘ってくれたのです。そこで失敗したら次に呼んでもらえないかもしれない。そこで自分なりにプランを立てて、段取りを一生懸命に考えました。

こんな〝修業〟を重ねていくうちに、先輩たちから「芸人と飲みに行くんなら、加地を連れて行こう」「どの店がいいか聞いてみよう」「飲み会を仕切ってよ」と声をかけられる機会がどんどん増え、ＡＤなのに「夜のチーフディレクター」という愛称もいただきました（笑）。すると、またその場で色々なお笑いの話を聞かせてもらえたり、その後、現場で仕事をするときに「この前はどうも」とＡＤでも名前と顔を覚えてもらえるようになっていきました。

この時に身につけた仕切りの技術は、その後の仕事にものすごく活きています。現場を仕切る、という点において、収録現場であろうがキャバクラであろうが同じことです。その場にいる人の顔色をうかがい、空気を感じながら臨機応変に手を打ち、より場を楽しく盛り上げていく。どちらの現場でも、視野の広さや空気を読む能力が求められるのです。

ここでの教訓は、もちろん「キャバクラに通え」ではありません。たまたま僕の場合は、下ネタがはまっただけですから、人それぞれ自分なりの「きっかけ」を模索して、それを足がかりにすればいいと思うのです。

先輩の愚痴にもヒントがある

キャバクラに限らず、若い頃からずいぶんあちこちに飲みに行きました。今でもなるべく酒席には積極的に出るようにしています。

よく、上司の説教だの愚痴だのを聞くのは耐えられない、時間の無駄だ、社内の人と飲んでも意味がない、といった意見を耳にします。

でも、僕自身は上司と飲むのは全然嫌ではありません。むしろ好きな方だったかもしれません。

たしかに、嫌なことを言う人はいました。説教や愚痴ばかり、といったタイプの人です。しかし、どんなに嫌な上司でも、その日の話の何もかもが無駄で嫌な話、ということはなかったように思います。1つでも何か参考になる話、使える話が聞ければ儲けものじゃないか、と僕は思っています。だから苦にもならないのです。

AD時代に師と仰いでいた北村要さん（制作会社「ケーテン」）は、テレビ朝日以外でもキャリアを積んでいたディレクターです（最近は「アメトーーク！」に入り、また一緒にお仕事をさせてもらっています）。酒の席では、「この前こんなダメなADがいて、最悪だった」と率直な話をあれこれしてくださいました。

これも「へ～、そんな奴がいるのか」と聞くだけなら意味がありません。僕は「そうかあ、そういう場面で、○○しちゃいけないのか」とインプットしていったのです。実際に、そういう話はかなり参考になりました。

先輩の愚痴や文句にはヒントがある。

これが実感です。

もちろん、外部の人、異業種の人の話からも勉強になることはたくさんあります。ただし、基本的に顔を出さないようにしている酒席もあります。それは、何らかの意図を持った接待の席です。こういう席では向こうはこっちをおだててくれ、ヨイショを連発してくれます。もちろん批判めいた悪い話を言うはずがありません。

それでいい気分になったとしても、吸収できることはほとんどありません。それくらいだったら、愚痴でも文句でも、本音を聞いた方が絶対に勉強になると思うのです。

1つ頼まれたら2つやる

自分の名誉のために言っておきますが、実際、現場で下ネタを連発し続けていたわけでは決してありません（笑）。ADとして一番注意を払っていたことは、現場で出演者やスタッフがスムーズに仕事をすることができるよう、自分は何をすべきか、という点でした。

現場関連のありとあらゆる雑用は、ADの仕事になります。ロケバスをどう手配し、どこにどう動いてもらうか。どこに駐車するか。収録の合間、どこで休憩してもらうか、弁当はどうするか、飲み物を出すタイミングは、小道具はいつ渡すか……。

こういう仕事は、最低限言われたことをやっておけば、問題ないと言えばないのです。でも、気を遣おうと思えば、いくらでも遣うことができる。

例えば、ある下町でのロケのこと。別に頼まれたわけでもないけれど、出演者やスタッフのために一瞬の合間を見つけて団子を買っておき、一段落したところあたりで並べておく。するとみんな「おおっ」と驚いて「いやあこの団子、めっちゃ食べたかったんだよね」と喜んでくれました。

その場面は放送には流れません。けれども、こういうことがあると、明らかに現場の空気が良くなります。そして結果として番組は面白くなっていくのです。

どこまでスムーズに進むように工夫できるか。

どこまでみんなに気持ちよく仕事をしてもらえるようにできるか。

やれと言われたことに、何かもう1つプラスアルファできないか。

一緒にADをしていた朝倉健（現「ロンドンハーツ」チーフディレクターで今も最高の相棒です）と、2人でそんなことばかり考えて仕事をしていました。

「お前らスゴいなあ。どんだけ段取りいいんだよ」

こういう反応が返ってくれば、最高に幸せでした。

当時、僕ら2人は、ADがディレクターを動かし、番組を動かすんだという気持ちを持って仕事をしていました。「あの会社は秘書が優秀で回っている」というような言い回しを聞きますが、それに近いイメージです。実際に、ADの気配りやスムーズな段取りで番組全体の雰囲気が変わり、番組を面白くするということも十分あると思います。

そういえば、就職が決まった頃、母親からこんなアドバイスを受けていました。

「1つ頼まれたら2つやりなさい」

どういうつもりで、そんなことを言ったのかは不明なのですが、その影響も大きかったと言えます。

今の若いADを見ていても、ほんのちょっとの気遣いで、色んなことが変わってくるのに、と思うことがあります。

例えば、すごく小さなことですが、「コーラ買ってきて」と頼まれたとします。ところが、コーラが店に置いてなかった。

そのとき、気が利くADならば、その人がいつも飲むものを覚えていて、それを代わりに買ってきたり、別の炭酸飲料を選んだりするかもしれません。

さらに気を配れるADならば、ポテトチップスか何かお菓子の1つも添えて出すことでしょう。「1つ頼まれたら2つやる」です。

ところが気の利かないADだと、「コーラがありませんでした」と何も買わずに戻ってくる。「コーラを頼んだのは喉が乾いているからだ。それなら何か別の飲み物を買っていこう」という想像力が働かないのです。

こういう類のことは、どの仕事の中でも常にあると思います。まずは工夫や気配りをする余地があることに気づくことが大切です。

チャンスの意味を理解できるか

どの会社でも同じでしょうが、管理職になると、会社側から「若手を育てろ」「現場から離れろ」という要請が来ます。僕も、ずっと総合演出やディレクターという形で番組づくりにかかわっていることに対して、「もっと若い奴を教育してくれ」「もっと彼らにチャンスを与えた方がいい」といったことをよく言われます。

もちろん、少しずつでも仕事を次代の人たちに渡していかなければならない、とは思います。そして実際に少しずつでも機会を与えたいとも思っています。「ロンドンハーツ」「アメトーーク！」に関しては、番組が続く限り自分が総合演出をしたいというイメージを持っていますが、今後後輩たちが立ち上げる番組については、もっとゼネラル・プロデューサーとして、バックアップする立場でかかわっていこう、とも考えています。

しかし、です。

そう簡単にチャンスを与えていいのだろうか、とも思うのです。

僕と朝倉は、ＡＤ時代に、本来ならばもっと立場が上の人がやるような仕事もやっていました。しかし、それは僕らが優秀だから任された、ということではありません。

自分から勝手に仕事をとりにいっていたのです。

例えば、先輩がオフライン編集（マスターテープを使う前に、どこを使って、どこをカットするか決める仮編集のこと）をするという際に、

「あ、それ俺が〇日までに、ある程度やっておきますよ」

と言って、積極的に請け負っていたのです。

「やらせてください」でも「やりましょうか」でもなくて、「やりますよ」と半ば勝手に決めてしまって、仕事をやっていました。その分、労働量は増えます。それでも、やりたかった。何せADの自分たちが番組を回している、と思っていましたし、編集にも興味があったからです。

結局、やる気のない奴にチャンスを与えたところで意味がないのではないか、と思うのです。そういう奴は、下手をするとチャンスの意味すら分からないかもしれない。自動的にチャンスが降ってくるような環境にいると、それが当然だと思って、いつの間にか「もらい癖《グセ》」がついてしまう。

勝手に仕事をとってくる、ガツガツしているくらいの人じゃないと、与えられたチャンスを活かすことができないような気がします。

管理職は現場から離れよ、と唱える人は、「それでも仕事を任せないと、人は育たないものだよ」と言うでしょう。

たしかに、長い間メインディッシュを作るシェフが居座っているせいで、若い人はずっと下ごしらえや前菜作りばかりやらされている店――そんな感じのような気もします。でもちょっとキツい言い方ですが、その状況が嫌ならば、独立して店を持てばいいじゃないか、と思うのです。

こちらが壁として立ちはだかっていても、乗り越える気のある人は、どうにかして乗り越えるものでしょう。やる気のある人が独立することを僕は決して止めないつもりです。

だからこそ、僕自身はずっと現場に立っていたいと思っています。

10年後も、20年後もデスクに座っているのではなくて、実際の現場で番組を作っていたい。今だって、もっと時間的余裕があれば、いくらでも新しい番組を立ち上げて、週5~6本くらい担当したい――こんなことばかり繰り返し言っていたせいか、以前よりも管理職をやれ、と言われなくなった気もします。会社も諦めてしまったのかもしれません（笑）。

嫌な仕事をしたことがない

実は、僕自身は「嫌な仕事」をやったことがありません。

ただし、それは好きな仕事ばかり回してもらえていたからではありません。当然のことなから、与えられた仕事が全部、最初から好きなものばかりだったわけがありません。

入社3年目、スポーツ局の時に担当したのは柔道。正直に言えば、最初は全然興味のないスポーツでした。やったこともないし、ほとんど見たこともない。それでも、その歴史とか選手とか、あれこれ調べて見ていくうちに好きになってしまいました。当然のことながら、どっぷり漬かってみると実に奥深くて面白いスポーツだったのです。

他にも、任された仕事に興味を持っていくうちに、どんどん面白くなってしまうから、嫌な仕事にならなかったのです。

そして、それらの仕事は今、バラエティを作る人間として、確実に自分の幅を広げてくれています（もし「アメトーーク！」で「柔道芸人」をやることがあれば、それこそ最大の武器となるでしょう）。

テレビ以外の仕事を経験していない僕が、説教めいたことを言うつもりはありません。それでも自分が能動的に動けば、面白さが見つかり、その結果として仕事が嫌じゃなくなることはあるんじゃないかな、と思うのです。

もし希望の部署ではないからといって嫌々仕事をしていたら、その数年間は何も身につけられません。たとえその後で希望の部署に移れたとしても、数年間分がムダなままなので、とてももったいないことですし、自分の仕事の幅を広げるチャンスをみすみす逃していることになると思うのです。

12…常識がないと「面白さ」は作れない

「面白い人」でなくていい

学生時代、バンドでドラムを叩いていたことがありました。ドラム以外にバンドでの僕の役割は、曲作りではなく（そもそも曲は作れなかったので……）、できた曲について、「ここはギターから入って」「ここはドラムを強調」という風にアレンジするというものでした。それ以外には、どうすれば盛り上がるかを考えて、ライブの曲順を考えるのも得意でした。

そのあたりは今の仕事とまさに通じるところがあります。

芸人さんの多くは、クリエイタータイプ、無から有を生む人たち、異能の人たちです。

でも、彼らと仕事をするこちらまでもが、クリエイタータイプである必要はありません。むしろ、論理的にきちんと説明できる人、打ち合わせがうまくできる人の方が望ましいと思います。

だから、実はこの仕事においては、「驚異的なヒラメキ能力」よりも「まっとうなバランス感覚」の方が大切だと思います。ここはよく誤解されるところですが……。

入社試験の面接官などをやっていると、すごく個性的な人、独創性にあふれる人が来ることがあります。その人自身から「トンガった」雰囲気が漂っています。

こういうタイプの人は、面白いし目立つので、面接官によっては高く評価することもあるのですが、僕はまず通しません。いくら面接の段階で面白くても、その魅力を持続できるとは考えられないからです。

必要なのは「面白さを理解できる頭」「面白さを伝えられる頭」なのです。何が面白いか。どこが面白いか。どこが面白くないか。なぜ面白くないか。自分で問いを設定して、答えを考える能力です。

スタッフ自身が面白い人である必要はありません。人を笑わせる話術もあるにこしたことはないでしょうが、なくてもかまいません。ただし「何が面白いか」が分からないことには、せっかくの素材を面白く見せることができません。

そのために必要なのは、国語力。あとは経験と努力ではないかと思います。ここで言う国語力というのは、ボキャブラリーの豊富さとか漢字が書けるといったことではありません。構成力と表現力、といってもいいでしょう。

構成力とは話をどういう順番にすれば面白いかが分かっているということ。表現力はどういうふうに見せれば面白さが伝わるかが分かっているということです。

おいしいもの、面白いもの、全てに理由があると思います。その理由をきちんと分析して、再現できるような能力が求められます。そもそも、芸人さんは異能の人である、とは言ったものの、そういう人たちも、普通の人以上に優れたバランス感覚を持っていることが多い。何が面白いのか、どうすれば面白く表現できるのか、一生懸命考えて分析しています。

視野が狭い人はダメ

普段ＡＤ等スタッフに求めるのも、独創性よりはまずそれ以前の常識や、言われたことをきちんとするということです。

最近、収録したテープの取り扱いについてキレてしまいました。

「収録したテープは何よりも大事なもの」

常日頃からこう教えているからです。収録済みのテープは必ず鍵のかかる収納場所に保管することが原則とされています。というのも、テレビ局はいつも色んな人が出入りしています。わざとテープを盗む人がどのくらいいるかは分かりませんが、万一、未編集のテープが外部に流出でもしたら大変なことです。

ところが、そのＡＤはテープを何日も無造作にデスクの足元に放置していたのです。これだけは許せませんでした。

ときには、お節介かもしれませんが、他の番組のスタッフに注意することさえあります。さすがによそのスタッフをいきなり怒鳴ったりはしませんが、廊下や屋外にテープやカメラを無造作に放置しているのを見かけると、むずむずしてきて、つい注意してしまうのです。

もっと基本的なことで言えば、あいさつができないスタッフもいて、そういう人にも注意することがあります。別に、直立不動で大声で「おはようございます」と言え、なんてことを言うつもりはありません。

「おはようっす」でも、「うっす」でもいいですし、時と場合によってはすれ違う時に軽く会釈するくらいでもいいのです。ところがこれもできない人がいます。

悪気がなくあいさつをしていないとすれば、視野が狭い人なのでしょうが、これもダメです。その程度の気配りができない人が面白いものを作れるわけがない。

さきほども少し言いましたが、現場では、常にいくつかのことを同時に進めたり、これをやりながら次のことを考えたりしなければなりません。歩きながらあいさつする、という程度のこともできない人ではつとまるはずがないのです。

また、そういう人を周囲のスタッフが支えてくれるはずもありません。僕らのできることは結局演出だけです。カメラマン、美術さん、照明さん等々、専門職の人たちの支えなしでは何もできません。あいさつすらまともにしてこない若い奴に、彼らが一生懸命協力してくれるはずがないのです。

「言った」ではなく「伝えた」か

報告、連絡、相談がきちんとできない人も多くいます。よくマネージャーさんたちと

「言った」「言わない」で揉めているスタッフがいます。こういう時、僕は「実際にこっちが言ったかどうかが問題ではない。相手の脳、心に伝わる言い方をしなければダメなんだ」と言い聞かせています。

メールを送っただけで「伝えた」と言うのは論外です。それが本当に相手に届いたか、相手が開いたか、内容を理解したか、承知したか、メールを送っただけでは何も分かりません。

勝手に社内メールを送ってきて、仕事など頼み事をした上、「返事がない」と言ってくる人が増えてきました。しかし、それに返事をする義務なんかありません。きちんとした人は、メールに「のちほど電話させていただきます」程度のことは書いて、電話をしてきます。勝手にメールを送っただけで、返事が返ってくると思うのはずいぶん非常識な話ではないかと思うのです。

報告関連で、この業界でよくあるトラブルが「裏番組との出演者のカブリ」です。こっちの番組に出るタレントが、裏番組にも出ることが、後になって分かった。こっちは「オンエア日もきちんと伝えて念を押したはずだ」と言い、向こうは「いや聞いていません」と、水掛け論になってしまうのです。

なぜこんなことになるのかと言えば、きちんと届く伝え方をしていないからです。

「オンエア日は9月1日のいつもの時間帯です」

「はい、分かりました」

電話のこのやり取りだけで「伝わった」と思うのは甘い、と僕は考えています。僕の場合、次のようなやり取りをします。

「オンエアは9月1日、夜9時~10時ですからね」

「はい、分かりました」

「9月1日ですよ、いいですね。じゃあ裏番組は何か、今から言いますよ。○○、○×、○△……本当にかぶっていないですね。大丈夫ですね？」

「大丈夫です」

子供に言い聞かせるくらい丁寧に、念を押しながら話すようにしています。自然と電話の時間は長くなりますが、トラブルを回避するためには必要なことだと考えています。マネージャーさんの多くは、しょっちゅうテンパっているのです。どこかの現場でタレントのケアをしながら電話を受けていることも多く、うわの空で聞いているのはしかたがありません。だからこそこちらは丁寧に伝えて、印象を強く残さなくてはなりません。

この点、メールできちんと伝えておくやり方がいいという面はあります。ただし、その場合でもやはり、それを相手がちゃんと見て、理解してくれたかは確認しなければならないと思います。送りっぱなしでは伝えていないのと同じです。

トラブル回避、という点では、出演依頼の際に、相手がマイナス要因だととらえるかもしれない企画の細かい部分も、きちんと伝えるように心がけています。

「なんとなく企画の趣旨だけ伝えておいて、現場のノリで納得させてしまおう」

こんな考え方はしません。そんな「綱渡り」のやり方でもうまくいけばとりあえずは問題ないのかもしれませんが、現場で「そんなの聞いていません。嫌です」となり、本人がきちんとやろうとせず、想定より低い出来になるのでは、面白さが減ってしまいます。

そんなリスクを冒すのならば、最初からきちんと趣旨を説明する。そして納得していただけない場合は、次の候補の人にあたる。たとえば一番手がお願いしたことの50パーセントしかやらず、二番手が100パーセントやってくれるのならば、たとえ二番手のタレントパワー自体はマイナスだったとしても、内容の面で大きく点を稼げるので、結果的には、ずっと面白くなる。そういう考え方をしています。

交渉はこちらから折れる

一方で、何がなんでもこちらのアイディアをやって欲しい、と押し付けてばかりいるわけではありません。実際に交渉をする際には、第2案、第3案まで用意することも珍しくないのです。

例えば、ある女性芸人を「ヌードにする」というアイディアが会議で採用され、それを元に交渉したとします。かなり思い切ったオファーですから、断られることもあるでしょう。あいまいに話を進めてはいけないのは、前述の通りです。だから、全力で誠心誠意、交渉します。

しかし、断られた。その時、「じゃあ別の人に頼みますよ」と諦められる時もあれば、そうでないこともあります。どうしてもその女性芸人でやりたい企画だ、という時です。

そういう場合、オファーのそもそもの目的は何だったのかをきちんと認識し直す必要があります。というのも、「ヌード」が最終目的なのか、それともその人を恥ずかしい目に遭わせるのが最終目的なのか。会議では、後者を目的としていて、そのためのアイディアとして「ヌード」が出たにすぎなかったのではないか……。ところが最初のアイディアにこだわりすぎると、本来の目的を忘れてしまうようなことが意外とあるのです。そうして「ヌードが面白い。それしかない」と思い込んでしまうと、交渉が難航してしまった時に、話が進まなくなります。

もともとヌードのように断られるリスクが高い依頼であれば、最初から第2案、第3案も用意しておく。無理に「ヌードじゃなきゃダメ」などとゴリ押しはしません。断られたら「じゃあ、これはどうでしょうか」と代案を提示します。

こちらから「折れる」のです。

交渉で折れるなんて言うと、なんだか妥協とか負けにつながるイメージがありますが、長い目で見れば、いいことの方が多いように思います。

交渉相手は、こちらが折れたことについては誠意を感じてくれます。何かの折にお返しをしてくれることも珍しくありません。

だとすれば、1回の放送のために無理やゴリ押しをしても、誰も得をしないと僕は思うのです。もちろん、単に企画を後退させて面白さを減らしてしまうのでは、意味がありませんから、第2案、第3案にも十分面白いアイディアを盛り込むようにするのは当たり前です。その準備をした上であれば、交渉で「折れる」ことはかまわないのではないでしょうか。

よく考えてみると、第2案、第3案の方が面白いことも結構あります。第1案のインパクトに負けないよう、細かい部分のクオリティも上げようと必死に努力するものですから、結果として、ただ第1案をやるより面白くなることが多いように思います。

打ち合わせは顔色を見ながら

本書の冒頭で説明した、番組ができあがるまでの流れでは省略しましたが、収録直前には出演者たちと打ち合わせをします。この打ち合わせにこそ、ディレクターの力量が出ます。打ち合わせの出来次第で、オンエアの出来も決まってしまう、と言ってもいいほどだと思います。

そうは言っても、打ち合わせって何するの？　と思われるかもしれないので、ちょっとだけその様子を再現してみましょう。

通常の番組では、出演者1人ずつと別々に打ち合わせをしますが、「アメトーーク！」

の場合、スタジオでの収録開始の数十分前にその日の「○○芸人」全員と僕らスタッフがそろって会議室に集まります。みんなで打ち合わせをするようにしたのは、うまくチームプレイをしてもらうための「たくらみ」です。

そこで簡単な台本を元に、ディレクターがその日の流れを説明していきます。

「このコーナーでは、皆さんに『あるあるネタ』を話してもらいます」

「このコーナーの次には、いったんVTRが入ります。その後で、裏話を話してください」

といった具合です。

こんなふうに台本に沿って大枠を説明していくのが、打ち合わせの基本です。

しかし、ここで大切なのはその場にいる出演者の顔色をちゃんと見ておくこと、そしてその情報に基づいて、適切な言葉で補強していくことです。例えば、「皆さん、『あるあるネタ』を話して下さい」と言った時に、芸人Aさんがちょっと何か言いたそうな顔をしたとします。

もしかすると、Aさんは事前のアンケートでは忘れていたけれども、後になってもっといいエピソードを思い出したのかもしれません。でも、それを言おうかどうしようか、一瞬躊躇《ちゅうちょ》しているうちに、話はもう次のコーナーへと進んでいってしまった。

こういう時、きちんと顔色をうかがっているディレクターは、どこかでこんな言葉を差し挟むはずです。

「一応、アンケートに書いていただいた答えを元に台本を作っていますけど、なんかもっと他の話をしたいって方、いらっしゃいますか？」

これが誘い水となり、Aさんは、「実は、別の話もあるんだけど……」と言いやすくなります。「じゃあ、その話の方にしてください」と言うこともできるし、「別に決まりがあるわけではないので、他の人も思いついた話を自由にしてください」と全員に番組の自由な雰囲気を伝えるきっかけにもなるのです。

ドラマなどと比べると、「アメトーーク！」の台本はかなり簡潔なものになっています。あまり丁寧に書きこんでいるわけではないので、演出側の意図を理解してもらうには行間を読むような作業が必要になります。

全ての出演者が台本をきちんと読み込んでいるとは限りません。ですから、打ち合わせの時点では、「今回はどういう意図か」「このコーナーはこういう方向」といったことを説明し、全員に理解してもらうことも大切です。

きちんと分かってもらうには、台本の説明を聞いている時の顔色、リアクションといった、その場の「空気感」から判断して、説明を補ったり、念を押したりする必要もあります。また、初めて出演するので固くなっているような人には、緊張を和らげるような配慮をして、言葉をかけてあげることもあります。

以前、「夢トーーク」という見た夢の話をするだけの企画がありました。「夢ネタ」というのはドラマ、映画でも演出的にはタブーとされています。それを逆手にとった企画なのですが、当然、あまりにマニアックなため、出演者が「こんなので大丈夫なの？」と少しだけ不安そうにしていました。

「収録してみてダメだったらＤＶＤの特典映像に回しますから、大丈夫です（笑）」

僕はこんな風に心理的なハードルを下げました。出演者たちも「それなら安心だわ」と笑い、顔から不安の色が消えていきました。効果が直接あったかは分かりませんが、結果として、とても面白い収録になりました。

番組の収録同様、打ち合わせの場というのも、生きもののようなところがあります。その場、その場の空気を感じて、臨機応変に言葉を加えたり、盛り上げたりする。それによって、本番の空気はがらりと変わってきます。

強い人は強さを誇示しない

おかげさまで、「ロンドンハーツ」や「アメトーーク！」が好調なことから、雑誌で特集を組んでいただいたり、取材を受けたりする機会が増えました。ある意味、今が自分のバブル期だと思っています。でも、あくまでバブルなんだから調子に乗ってはいけない、と自分自身に厳しく言い聞かせています。

調子に乗ったら落ちる。

よく言われることですが、特にこの業界は浮き沈みが激しいこともあって、よくそういう例を見てきました。

本当にちょっとしたことです。例えば、この前までは丁寧だったマネージャーさんが、タレントが売れてくると何度電話しても折り返し電話をくれなくなったり。番組にゲスト出演してもらう時に、「○×さんも一緒に出して、うちのタレントのフォローをさせてください」などといった要望を考えもなしに言ってきたり。「△□さんと一緒は嫌です」など共演相手を異常に気にしたり。とにかく自分達の都合ばかり優先させるのです。

個人的には、芸人さんが主役の番組にお笑い以外のタレントさんがゲストとして出る時に、彼らへのリスペクトがないような人のことはあまり好きにはなれません。だからと言って仕返しをしたりはしませんが、結果的にそういう人は長続きしないように思えます。おそらく、あちこちで同じような振る舞いをしているからではないでしょうか。

あれが嫌だ、これはNGというようなことを言ってくるよりも、「こういうのに不慣れなので、みなさんぜひよろしくお願いします」というスタンスの人の方が、周囲のやる気も出ますし、その場の空気も良くなります。

誤解しないで欲しいのは、決して「出してやる」という気持ちで言っているわけではないということです。僕らとしては「出ていただく」という気持ちでいるのは間違いありません。

ただ、長年見てきて言えることは、超一流とされる人はみなさん基本的に丁寧で常識的な方だということです。明石家さんまさんは、いつもテレビで見るのと同じ感じで、決して偉ぶったりはしていません。サングラスをかけて肩をいからせるといったこともありません。

本当に強い人は強さを誇示しないのです。

僕もそうありたいと思っているので、極力、売れていない人にも、いやむしろ売れていない人にこそ丁寧に接するように心がけています。他の人と平等に、と考えていると結局おざなりになってしまう怖れがあるので、丁寧に接するくらいでちょうどいい塩梅《あんばい》になるのではないか、と思っているからです。収録前に会場を盛り上げておいてくれる前説《まえせつ》の芸人さんにも「盛り上げてくれてありがとう」となるべく声をかけるようにしています。

相手によって露骨に態度を変えたり、いばったりすると、長い目で見れば結局自分に返ってくる。こんなふうに、あれこれ勝手なことを書いて、本にまでしていると、いつか足をすくわれるぞ。そんなふうに自分に常に言い聞かせています。

悪いところがあるから良いところがある

数多くの芸人さんやスタッフと仕事をしてきて、20年以上。昔よりは他人に寛容になってきたように感じます。若い頃ならば、他人のダメなところばかり目に付いてしまいがちでしたが、最近は「みんないいところもあれば、悪いところもあるもんな」と思えるようになってきたのです。それぞれの人の「持ち点」は同じようなもので、どこかでプラスがあれば、どこかでマイナスがある。そんなもんじゃないかと今は思うのです。

例えば、動きがテキパキしていないことで、「ドン臭い」と思われている女性がいるとします。でも彼女はこういう性格だからこそ、おっとりした雰囲気で周囲を癒してくれるという面もある。もし「テキパキしていない」という部分が消えてしまえば、せっかくの「癒し」がなくなってしまうかもしれない。

人のプラスマイナスは背中合わせ、共存していると思うのです。どの人もこのようなプラスマイナスがたくさんあって、でも全員の「持ち点」は同じ。

他人の判断なんていうものは、その時プラスの部分を見たか、マイナスの部分を見たかという、偶然にすぎないのではないかと思っています。

芸人さんたちを見ていると、それが特によく分かります。

狩野英孝は番組の段取りをきちんと踏むことは苦手です。しかし、それがまた、「天然芸人」として爆発的な笑いを生みます。もしも狩野の自由を奪い、段取りを押し付けて台本通りにやってもらったら、あの爆発力はなくなってしまいます。

僕自身、番組作りに対しては、職人として全身全霊を傾けていると胸を張っていえますが、正直に白状すると、本来はプロデューサーの仕事とされていることで、どうも苦手なことがいくつもあります。

例えばお金の管理。これが苦手な上、予算を細かく気にしながら番組を作ることに抵抗があるので、信頼できる部下に任せてしまっています。

また、キャスティングについても本来、プロデューサーの仕事の1つでもあるのですが、僕の場合は、人選にまではからむものの、実際の交渉はほとんど任せてしまっています。幸い、優秀な右腕の部下たちが各番組にいてフォローしてくれているので、それでなんとかなっています。

だからこそ、演出や編集に集中し、時間を割くことができるので、部下たちには本当に感謝しています。

13…芸人は何を企んでいるのか

「スベる人」も面白い

この本では、おもに作り手側の「企み」について書いています。でも、改めて言うまでもないことですが、番組の主役は芸人さんたちです。僕らの仕事は、企画や構成を立て、より面白く見せられる展開を考え、より分かりやすく伝えられるよう、収録したものを編集するというもの。いかに彼らの生み出した笑いのエネルギーを減らさず、それを大きくしていくかということなのです。

ハプニングをプラスにできるのも、芸人さんの力量があってこそ。いくらこっちが、「現場で起きたことを全てプラスにしたい」と考えていても、出演者たちに地力がなければ、うまくいくものではありません。その場にいる彼らが、多少のトラブルも面白く変換してしまうからこそ、プラスになるのです。

僕は、テレビで見るような芸人さんは、全員スゴい才能の持ち主だと思っています。付き合いがあるからお世辞を言っているわけでは決してありません。

少なくとも、僕の番組に出てくださっているような、一定の知名度を持つ人というのは、その世界ではすでにオリンピック級の能力の持ち主だと本気で思っています。なかには、僕の番組でブレイクしたように見える人がいるかもしれませんが、もともと面白かったのに、たまたま力を十分に発揮する場がなかったか、その出し方がうまくいっていなかっただけなのです。

最近では「スベる」ことが特徴となっている芸人さんもいます。見ている側は、「あの人はスベってばかりで面白くない」と思っているかもしれません。

でも、これは大間違いです。ただ単にスベる人は単なる面白くない人です。テレビには出られません。

彼らは、スベっている様子や、その後のリアクションも含めて、やっぱり「面白い」人なのです。一見、空気を読んでいないように見える人もちゃんと読んでいます。出川さんや狩野も空気を読もうとしています。それがズレて面白くなるので、彼らはさらにスゴい人たちなのですが（笑）。

そういう人たちが普通の飲み会にでも出てくれれば、とてつもなく面白い。一般人のレベルとは全く異なります。ちょっと面白いというレベルの素人では、絶対に太刀打ちできません（もちろん飲み会で、あからさまにその力を出したりはしませんが）。

たまに芸人さんに密着する企画で、僕と食事をしている場面をカメラに収めることがあります。そのVTRを編集のために見ていると、彼らと比べていかに自分のしゃべりがダメか、思い知らされて嫌になってしまいます（それを芸人さんに話すと、「素人なんだから嫌になるのはおかしい」と言われますが……）。

構成力、間《ま》、トーン、言葉のチョイス……全てが違います。

同じ話をするのでも、素人とプロの面白さのレベルはケタ違いなのです。

それは当然と言えば当然で、芸人さんたちは、日々の修業、努力で話術を磨きぬいているのです。

プロ野球で活躍するのは、高校野球の「エースで四番」の中から選抜されたような人ばかりです。同じように、テレビの常連となっているような人はみな、「クラスで一番面白かった」人がひしめきあっている「お笑い界」で、すでに頭1つ抜きん出ているわけです。

サッカーや野球を見ながら、つい僕らは勝手なことを言います。「あんなボール、どうしてシュートできないんだよ」「あんなの誰でも打てるだろう」。いつかのワールドカップの後に、「あのくらい決めろよ!」という台詞をどれだけ聞いたことか。実際には、僕らがその場にいたら、絶対シュートを決めることはできないのに。

それと同じようなもので、いくら素人目で見て「あいつ、つまんない」などと思うような人でも、実際は「超面白い人」なのです。

向き不向きを観察する

ただし、それぞれの役割や向き不向きはあります。MCもゲストも何でもOKという人もいますが、どうしてもMCに向いていない人もいる。でも、それは悪いことでは決してありません。

特に「ロンドンハーツ」や「アメトーーク!」のような大人数のトーク番組は、出演者全体のチームプレイで笑いをつくりあげていくものですから、投手ばかり、ホームランバッターばかりではかえって困ってしまいます。

どうしても世間の関心は、MCやボケの人などに向きがちなのですが、そうではない人がいてこそ、活きるという面があるのです。

ここを理解していないと、ついつい人気のある人、目立つ人から順番に並べるようなことをしてしまいがちです。実際に、そういう感じの番組も見かけます。でも、僕の2つの番組の場合、そのやり方では出演者全体が活きることにならないのです。

例えば「アメトーーク!」における基本のフォーメーションは次のような感じです。

まず、その回の「核」となる人。多くの場合、そのテーマについてすごく詳しい人や、そのテーマを体現しているような人が、安定感のあるトークをしてくれます。

さらにその人をイジれる人。核になる人をからかったり、本筋ではないところでも笑いが取れたりできる人。ずっとテーマに沿ってキッチリ話が進んでいると、飽きられてしまうことがあるので、こういう人が必要です。

それ以外にも、「かき回し役」のような人もいた方がいい。とにかく大声で、その場を盛り上げたり、にぎやかにしてくれたりする人。フジモン（FUJIWARAの藤本敏史）やザキヤマ（アンタッチャブルの山崎）のポジションと言えば、分かりやすいでしょう。

さらにそれとは別に有吉（弘行）くんのように、独特の視点を持って話をする人もいると、番組の幅がぐっと広がります。

一方で「ロンドンハーツ」はＶＴＲ中心の企画もあり、その時の出演者はそんなに多くなくていい。その場合には、おぎやはぎのように、ぐいぐい前に出ようとはしないけれど、打席に立てば高い打率を叩きだすタイプにお願いすることもあります。彼らは少人数でいる時こそ持ち味が活きる、と僕なりに分析しています。

全員がきちんとしていると、それはそれで面白みがないと思えば、出川さんや狩野のような、ちょっと特殊なタイプの爆発力がある人にもお願いします。出川さんは、どこにいてもなんらかの見せ場が作れる（または作られる）人です。

こんな感じで、誰に出演をお願いするかは、その回のテーマや、役割分担、配分なども考えた上で決めることになります。

投球の組み立てを考えるのと同じです。核になる人は、ストライクゾーンに投げ込む渾身のストレート。それ以外の人は、胸元に投げ込んでのけぞらせるボール球だったり、遊び球、見せ球だったり、くさいところをつく変化球だったりするわけです。サッカーなら、ゴール前でシュートを狙っている人、中盤でパスを出してゲームを組み立てる人、サイドをとにかくかけ上がる人、ゴールを守る人がそれぞれいるのと同じです。

こうしたバランスを考えた上で、今度は座る席についても決めていきます。これがとにかく大切。どの番組よりも気を遣っている自負があります。

「アメトーーク！」のようにMC席の右側にひな壇がある場合、核になる人はMCに一番近い最前列左端の席です。例えば、ツッチーこと土田晃之くんやサバンナの高橋くんのようなタイプがここに座ります。隣に有吉くんやフットボールアワーの後藤（輝基）くんのように「安定感」もあり、「イジれる人」を置きます。前列の右端には「かき回し役」のフジモンや劇団ひとり。2段目の左端や真ん中には、博多華丸・大吉の（博多）大吉くんや麒麟の川島（明）くんのような安定感抜群の人に座ってもらいます。そして2段目の大外は、出川さん、狩野、アンガールズの田中（卓志）くんのような「大ボケ」の人の定位置です。

仲のいい人を隣同士にすることもあれば、あえてあまり知らない同士を近くに置くこともあります。

面白いのは、こういうこちらの「企み」について、芸人さんたちは、すごく敏感で、すぐに見抜いてくる点です。実際に、千原ジュニアに「今日はこういうことか。すぐに（狙いが）分かります。みんなも分かってますよ」と言われたことがあります。

実は出川さんですら（というと怒られそうですが）、常に分析をしています。しかも意外に思うかもしれませんが、その分析はかなり的確です。

単に番組単体のことではなく、「あいつは伸びる」といった予想もしていて、それも相当に冷静で正しい分析なのです。誰が売れるか、といった予測もかなり正確です。

ただ、残念なことに、この分析力には欠点があります。それは自分の分析だけは苦手だということ。いや常にしているのだけれど、たいていい的を射ていないのです。でも、そこが魅力です（笑）。

トークとプロレスはよく似ている

「ゲストとゲスト」で、チュートリアルの徳井（義実）くんの話で印象的なものがありました。彼は相当なハンサムですが、その顔でちょっとお客さんが引いてしまうような変態っぽい下ネタをたまに披露します。

なぜそんなことをするのか。その解説が実に独特だったのです。

「自分の容姿の欠点で笑いをとる芸人の多くは、それ相応の痛みを実生活でもともなっています（例えばハゲ・顔のブツブツをネタにしているブラックマヨネーズなど）。でも、僕が普通の下ネタを言ったところで、特にマイナスもないから、『笑いだけとって、おいしいトコ取りしている』ということになってしまう。

女性が『引いてしまう』くらい変態と思われる下ネタをわざとすることがあるのは、自分なりに彼らと同じリスクを背負いたいからです。それでプラスマイナスゼロという気がしているんです」

要約すればこんな話でした。読者のみなさんが、なるほどと受け止められるか、なんだそりゃと思われるかは分かりませんが、僕は実に感心しました。

ちなみに、実力のある芸人さんほど、自分のマイナスについて他の人からイジられている時の受け方が抜群にうまい。逆に、下手な人はそういう時の立ち居振る舞いができない。

僕たちの業界では、よくお笑いをプロレスにたとえることがあります。このケースはまさにそれ。

いいプロレスラーの資質とは、決め技をたくさん持っていて、それを連発できることではありません。対戦相手の決め技をきちんと受けて、相手の力を際立たせた上で、自分の決め技を繰り出すことができるのがいいプロレスラーです。受け身が上手で、受けた後の返し技がうまいプロレスラーは試合を盛り上げることができます。もし技をかけられるのをずっと嫌がっていたら、試合中ただ動き回っているだけになってしまう。

トークの場でも、自分の欠点に触れられると、すぐに「違いますよ」「やめてくださ い」と言ってしまう人もいます。しかし、これでは笑いが広がりません。

うまい人は「やられ顔」「だめ顔」を持っています。フットボールアワーの後藤くんは、ツッコミや返しだけでなく、このへんのイジられている時の表情が本当にうまい。「ロンドンハーツ」で周りからイジられている姿をよく見かけると思いますが、あちこちから矢が飛んできて、その話題の間ずっと彼は主役でいられます。

もしツッコまれていることがウソや誇張ならば、さんざんイジられた後に「返し技」を繰り出して、奇麗に否定すればいいだけです。「受け身」ができていない人は、これができないから盛り上げることができないのです。

「受け身」ということで言えば、他人の話を聞く能力も大切だと思います。若い人や、まだテレビでの経験が浅い人の多くは、自分がしゃべること、しゃべりたいことばかりを考えてしまって、周囲の話をきちんと聞けていません。他人の話を聞いて笑っているか、そうでないか、そのへんはかなり大きな違いです。

その場の話の流れが読めていない人は、どんなに面白いネタを持っていても、自分の話すタイミングを間違えてしまうので、やはり場をあまり盛り上げることはできません。タイミングはとても大切。先ほどのように投手の配球にたとえれば、ストレートを投げるタイミングではないのに、ストレートを投げて打たれてしまうようなものです。料理で言えば、塩を入れるタイミングで砂糖を入れてしまうようなもの。全て台無しになってしまいます。

一定のキャリアを持つ芸人さんたちのほとんどは、さまざまな形での受け身が身についていて、なおかつ「決め技」も持っています。

なお、出川さんや狩野のような人は、ここに言った受け身や決め技といったところとは別の次元にいる人だと言えます。流れがどうとか、そういうことと関係なく見せ場を作ることができる、ジョーカーのような存在です。恐るべし。

一歩引くというすごさ

「アメトーーク！」でこうしたオリンピック級の芸人さんたちを毎週仕切っているのが、MCの雨上がり決死隊です。2人のどこがスゴいのか。その1つに「一歩引く」ことを嫌がらなかったという点があります。

芸人である以上、自分がその場で一番面白い人間でありたい、という欲望は必ず持っているはずです。ましてやそれが自分達の名前がついた冠番組であれば当然のことでしょう。

ところが、番組が始まって数か月というかなり早い段階で、2人は一歩引いた立場を選択したのです。そして、ゲストたちのトークが面白くなることを第一目標に置いた。

ツッコミで進行役の蛍原さんはともかく、ボケ担当の宮迫くんの立場を考えれば、これはそう簡単にできることではありません。その頃、宮迫くんはまだ30代前半の「ボケたい盛り」でした。

例えば、番組を見ていると、宮迫くんがイスから転げ落ちて大笑いしている場面を目にすることがよくあるはずです。宮迫くんは、いわゆる「ゲラ」（すぐに笑う人）なのですが、その性格を隠す気配など微塵《みじん》もありません。芸人の性《さが》としては、誰かがウケていたら「もっと俺がオモロイことを言おう」となってかぶせてきてもおかしくないのに、お客さんと一緒に笑っている。

そして、2人はスベってしまった人にとにかく優しい（これはロンブーの2人にも言えますが）。MCであれば、誰かがスベっているのを見たら「ここはカットかも」などと判断して、その場を流すこともできますし、わざわざフォローに入れば共倒れする危険もあります。でも2人は見放すどころか、それが大好物。スベった笑いもイジってあげるので、現場は「スベってもかまわない」という空気になります。スベった芸人さんも、イジられることで笑いが生まれれば気が楽になり、次にまた爆笑をとりにいくという場面が多いのです。

また、場に慣れていない後輩がいれば、彼らを活かすために、その場であれこれ機転をきかせています。2人が優しい空気を発しているので、彼らもプレッシャーを感じることが少ない。

2人は番組開始からまもなく、「自分たちではなく番組が面白ければそれでいい」というふうに腹を決めたのです。

実は一時期、番組への反応の中に「ゲストが面白いからいいけれど、雨上がりは面白くない」といった声がありました。2人のスゴさが全然分かってないなあと残念に思ったものです。

ゲストの面白さが際立つのは、雨上がり決死隊の一歩引いた仕事があってこそ、です。2人はとにかく芸人が大好き。その優しさがのびのびした「アメトーーク！」の空気を作っています。この番組は、雨上がり決死隊がMCでなければ、成功することは決してなかったと断言できます。そして嬉しいことに、それは最近、視聴者に伝わっている気がします。

ちなみに2人は企画にも一切文句を言わないので、僕らスタッフものびのび企画を考えられる。だからオカシな企画が生まれやすいのです。

14…「企み」は仲間と共に

予習と反省で進化する

僕の周りには、「プラスアルファの仕事」をしてくれるスタッフがたくさんいます。プラスアルファの仕事というのは、通り一遍ではない、「もうちょっと」「あとちょっと」の工夫をしてくれるということです。

例えば「ロンドンハーツ」や「アメトーーク！」他、僕が手がける全ての番組に欠かせない存在の辻稔カメラマン。僕より1つ年上の方です。

バラエティ番組がすごく好きな方は、辻カメラマンの名前を聞いたことがあるかもしれません。多くの出演者が名前を口にし、本人が映りこむこともたまにあります。芸人さんから「自分の番組で撮影をお願いしたい」と指名も入る、超一流カメラマンです。

特にナインティナインの岡村さんは、辻さんの力をとても信頼しています。僕が担当していた「ナイナイナ」でもそうでしたが、「めちゃイケ」のロケで見られる辻さんのカメラワークと、岡村さんの動きのコンビネーションは、見事としかいいようがありません。

普通のカメラマンとどこが違うか。技術の高さもさることながら、とにかく大変な努力家なのです。

例えば初めて撮ることになる対象については、予習をしてきます。芸人であれば、どんな持ち味なのか、どんなギャグをやるのか。歌手であれば、どんな歌を歌い、どんなダンスをするのか。過去のＶＴＲやＤＶＤでチェックしているそうです。

毎日、さまざまなロケや収録のある中で、ここまで勉強する人は滅多にいません。普通は、「カメラリハーサルの時にある程度のことはチェックできるからいいや」となるのです。でも、辻さんはそれでは納得しません。

この予習が、本番ではモノをいいます。芸人の持ち味を知っていることで、ベストのタイミングでその人をとらえ、なおかつ的確なサイズで撮影することができる。「この流れだと、この人がこういうリアクションをするはずだ」と先読みすることで、撮り逃しがないのです。さらに、そのリアクションがどういうものか分かっているから、一番いい形で撮ることができます。身体全体を撮るのが一番いいのか、上半身がいいのか、顔のアップがいいのか、瞬時に判断できるのです。ほんの一瞬の遅れで手の動きが見えなかったということがあれば、笑いは半減してしまいます。

辻さんのもう1つスゴい点が、とにかく反省をし続けているということです。「ゲストとゲスト」では、歌を収録する際、「ミュージックステーション」の藤沢浩一ディレクターが音楽担当を務め、一緒に組む他のカメラマンも音楽番組経験者が多い。歌の撮影というのは、バラエティとはまた別のやり方があります。もちろん、辻さんなりに予習もしていたけれども納得がいかなかったのでしょう。終わった後に「俺は藤沢さんにまだ負けているなあ」としきりに反省を口にしているのです。バラエティで超一流のカメラマンが、音楽番組でもそれを目指して努力しているのです。

今でも、収録の後に「どうだった？」「何か変なところなかった？」と聞いてきて反省を繰り返しています。

「アメトーーク！」を見ていると、「よくこんなはじっこの出演者のリアクションまで撮っているな」と思う場面があるかもしれません。例えば、その場の流れと何の関係もなく、出川さんがはじっこで洋服の袖をずっと気にしていたりする。それを雨上がり決死隊は見逃さないでツッコむ、といった場面です。

前に述べた通り、「アメトーーク！」は、通常9台のカメラで収録しますが、その全カメラの役割を辻さんが決めています。辻さん自身も中央のカメラで撮影しながら、9面のモニターで他のカメラマンの動きをチェックし、撮影中にダメ出しもしています。一瞬たりとも、撮り逃すことがないようにと決めてくれたフォーメーションなのです。だから、僕や雨上がり決死隊が「あれ、あの人、なんかヘンな動きしているぞ」と気づいた時に、そこをすぐにイジることができる。いくらイジっても、その場面が撮影されていなければ、意味がありません。しかし、辻さんがいる以上、撮りこぼしはない、と僕らは確信しています。だから、その場で自由にトークを展開していくことができるわけです。

辻さんと仕事をして、それが当たり前だと思っていると、たまに彼が担当していない番組をやる時にフラストレーションを抱えてしまうことがあります。彼のおかげで、いかに普段そういった感情を感じず、演出に集中できていたかが分かります。

もちろん人間ですから、ごくたまに撮りこぼしてしまうこともあります。すると、辻さんは深く落ち込み、また反省を始めます。
そしてまた進化していくのです。

「プロの仕切り」のスゴさ

辻さんと親しくさせていただくようになったきっかけは、1996年に僕がバラエティへ異動になり、最初についたナインティナインの「Q99」（後の「ナイナイナ」）という番組です。

いつからか、この番組のロケの後、ナインティナインの矢部（浩之）さんとスタッフで食事にいくのが恒例になりました。

余談ですが、僕は年下の芸人さんに対して、親しみを込めて、「アダ名」「呼び捨て」「くん付け」にしています。雨上がり決死隊の場合、「宮迫くん」は僕より1歳年下、「蛍原さん」は1歳年上なので、呼び方も違う。ただし、雨上がりより後輩にもかかわらず、ナインティナインは、知り合った時に僕がまだADだったこと、そして相手は番組のメイン司会者だったこともあり、年下ですが「岡村さん」「矢部さん」と今でも呼んでいます（このあたり、複雑に思われるかもしれませんが……）。

話を戻すと、矢部さんとの食事会には「矢部ちゃん会」という名がついていました。僕も下ネタで馴染んだ成果があって、その会に呼んでもらえるようになったのです。他には、師匠の北村ディレクターや辻さんがメンバー。キャバクラで遊ぶのとは別次元の飲み会で、かなり熱い「バラエティ論」「お笑い論」のようなものが交わされていました。

ここで「芸人さんはこう考えているものなのか。そういう時、ディレクターはこうしなければならないのか」といったことをずいぶん教えてもらいました。

数多くの番組で司会役をなさっていることからも分かるように、矢部さんのその場を仕切る能力には、すさまじいものがあります。当時はまだ24～25歳だったことを思うと、さらにスゴさを痛感します。

ある時、番組の出演者、スタッフを集めての大規模な新年会が開かれ、ビンゴ大会などのイベントも組み込まれていました。

当初、その宴会の司会は、僕と、同じくＡＤだった朝倉（前述の現「ロンドンハーツ」チーフディレクター）がやっていました。ところが、一番のメインのビンゴ大会になると、なんと矢部さんがその司会役になって、仕切り始めたのです。すると場の雰囲気は一変。一気に盛り上がり始めました。

もちろん、そのへんのスタッフがやるのと、プロがやるのとで見る側の気持ちも違うので、当然と言えば当然かもしれません。しかし、明らかにそれだけでは片付けられない、スキルの違いが明白に見えたのです。

「うわー、スゲー、さすが……」。それまで自分が司会を担当していたからこそ、そのスゴさをより感じることができました。

分析すると色んなスキルが見えてきました。

まず、矢部さんは積極的に遠くにいる人をイジっていました。自分もそうでしたが、どうしても近くにいる人、目の前の人に声をかけてイジってしまいがちです。しかし、矢部さんはあえて遠くの人にまで目配りし、声をかけることで、会場全体を巻き込んでいったのです。遠くが盛り上がれば、会場全体が盛り上がるというわけです。

さらに、その場の「キーマン」を素早く見つけ出して、その人をイジり始めました。この場合のキーマンとは、その人について何か言うと、その周辺が盛り上がるような人のことです。そういう人をイジっていくことで、自然と笑いが大きくなります。

それ以外にも素人との違いは歴然で、見ていて勉強になることばかり。「プロの仕切り」のスゴさをまざまざと見せつけられました。

それから2年後の新年会。僕は相変わらず司会をしていました。でもその年は、矢部さんの立ち居振る舞いを分析して得たスキルを駆使して、段取りを進めていきました。その様子を見て、矢部さんが一言。

「お前、仕切りがうまくなったなあ」

この言葉を聞いて、「よっしゃ～」と心の中でめちゃくちゃ喜んでいました。ただ、矢部さんから教わったことを実践していた、とは言っていません。

ちなみに、立場上もう司会をやることはなくなりましたが、大人数の前でスピーチをする時は、いつも後方の人たちを見ながら話すようにしています。

スタジオ収録の際、ひな壇の一番外側には、遠くからでもトークに入ってこられる強いキャラクターの人を置いていますが、これもこの時に覚えたノウハウの応用なのです。

「議論する」には資格がいる

この「矢部ちゃん会」に僕を誘ってくれたのが、師匠の北村ディレクターでした。北村さんについて、強く印象に残っている光景があります。

まだ僕がADの頃、北村さんはテレ朝で別のレギュラー番組も担当していました。そのスペシャル番組に大物芸人2人がゲスト出演するというので、収録を覗《のぞ》きに行った時のことです。

その芸人さんたちは休憩中で、スタンバイしていた部屋の中心に座り、あれこれ話をしていました。そしてそれを取り囲むように、壁際にはテレビ局側のスタッフがずらりと並んで立っていました。

ここまではよく見る光景。たとえプロデューサーであっても、大物出演者にはかなり気を遣います。よく言えば一線を画している感じ、もう少し正直に言えば腫れ物に触るような感じ、おっかなびっくりで接していることもしばしばです。芸能人に対して「よお、○○ちゃん、元気〜」となれなれしく肩を組んでくるプロデューサー、というのはドラマやコントではよく目にしますが、実際にはそういう人はあまりいません（皆無とは言いませんが）。

ところが、その休憩中の芸人さんたちと同じ場所にサラッと座り、仲良くしゃべっているスタッフがいました。それが北村さんでした。

北村さんは制作会社のディレクターなので、他局でも多くの番組に携わっていました。打ち合わせの席での北村さんの振る舞いは、他のプロデューサー、ディレクターとはかなり違うものでした。出演者に対して「出ていただいている」という感じではない。だからといってなれなれしいわけでもない。

面白いものを作るための仲間として、そこに自然と座っていて、同じ土俵にいる感じでした。

その様子をこっそり見ながら、

「俺は、離れて立っているようなディレクターにはなりたくない」

と強く思ったのです。

芸人さんたちと同じ場所に座ることは、度胸があるだけではできません。もちろん空気も何も読まずに、いわゆる業界ノリでそうする人もいるのかもしれませんが、それでは意味がない。

北村さんは芸人さんとの打ち合わせでも、いつもとても楽しそうに企画を提案していました。だからといって、ノリだけで話を進めているわけではありません。一流とされる人たちほど、踏み込んだお笑い論や演出論をその場で戦わせています。彼らと同じ土俵で対等に話さなくてはいけないのです。

ときには相手の言うことに対して「それは違うんじゃないですか」と反論もしなければならない。自分の論理に自信がなければ、とてもじゃないけれど戦えません。

幸い、僕はナインティナインの番組についていたので、北村さんと一緒に「矢部ちゃん会」に出席し、少しずつですが、芸人さんたちと対等にしゃべれるようになっていきました。あの〝ナインティナインの矢部浩之〟ときちんと話ができる、ということで自信がついて、どんどん色んな芸人さんと突っ込んだ話もできるようになっていったのです。

今、「ロンドンハーツ」ではロンドンブーツの楽屋が、そして「アメトーーク！」では雨上がり決死隊の楽屋が、それぞれ僕の居場所です。そこで弁当も食べます。常に近い位置にいて、コミュニケーションをはかる。ちょっとした話から熱い話までする、その時間こそが大切なのです。それに気づかせてくれたのは、AD時代に覗きに行った、あの光景です。

誰にでも分けへだてしない

北村さんのことをスゴいな、と思ったことは他にもあります。僕がスポーツ局から異動し、番組に配属された最初の日。いきなり飲みに連れていってくれた時のことでした。出演者ともフランクな関係を築いている人ですが、我々後輩や他のスタッフにも分けへだてなく接してくれる。その日も、他のスタッフもいれて3人で飲み進んでいくうちに、北村さんが、

「そうだ、上田っちも呼ぼう」

そう言って、電話をかけ始めました。その時点では「上田っち」が誰かは分かりません。後で、〝正体〟が分かった時は、ちょっと驚きました。ロケバスのドライバーさんだったのです。僕はてっきり他の番組のディレクターや放送作家だと思っていました。

スタッフ同士で飲むといっても、集まるのはやはり制作スタッフや作家、カメラマン

さんや美術スタッフぐらい。だから、北村さんがドライバーさんと仲がいいということに、ずいぶんビックリしたのです。

その後、ロケ現場で一緒になった「上田っち」は、頼まなくても荷物運びを手伝ってくれることもありましたし、なんとなくその人が運転するロケバスは、移動中の雰囲気もいい感じでした。彼からは「番組愛」が伝わってきました。もちろん、そういういい雰囲気は番組にも反映してきます。

北村さんの名誉のために言っておくと、北村さんはメリットを考えて計算ずくで飲み会にドライバーさんを誘ったりしていたわけでは決してありません。分けへだてをしない性格なのです。

「ナイナイナ」が終了してから数年後、僕は初めて自分でレギュラー番組を立ち上げました。それが「アメトーーク！」です（「ロンドンハーツ」は板橋順二・現制作2部長が立ち上げた番組に呼んでもらったものです）。

北村さんが作り出す番組の空気が好きだったので、まず目指したのがチームワークの良さです。全スタッフが番組を愛してくれるような空気を作るようにしました。

僕の場合は、北村さんのように「天性」というよりは、「計算」も入っているかもしれません。でも、番組にかかわる人が、番組愛を持てば、必ずプラスになる。そう思っています。そういう人たちと作った方が必ず面白さが増すからです。

嬉しいことに、10年経った今も、スタッフのみなさんは、それぞれ番組愛を持ち、力を発揮してくれています。いつも依頼された以上のプラスアルファの仕事をしてくれているのです。

例えば、僕の番組で欠かせないプラスアルファを提供してくれているのが、音響効果の栗田勇児。彼の仕事は、冒頭で説明した音声編集（MA）で、BGMや効果音を加えていくというものです。「ロンドンハーツ」「アメトーーク！」の他、僕が演出する全ての番組を担当してくれています。

選曲1つとっても、それによって番組の雰囲気は相当変わってきます。また、効果音が面白いかどうかで、笑いの量が異なることもあります。彼の作った効果音1つで、笑いが大きくなることはしょっちゅうです。

最大のヒットは、「運動神経悪い芸人」で「ヒザ神」ことフルーツポンチの村上（健志）がサッカーのリフティングをする際につけた、木琴の効果音。これはMA室で大爆笑でした。

長いつきあいなので、演出に関する細かい説明もいらず、僕の好みやクセも理解してくれている。何が面白いのかも、ある意味ディレクターよりよく分かっている。だから、アバウトな指示を出しておけば、必ずといっていいくらいプラスアルファの仕事で応えてくれます。

美術さんや照明さん、編集マン、CGのスタッフたちも、こちらの意図を汲み取って、常にプラスアルファの仕事をしてくれます。特に美術の遠藤ゆかさんと前田香織さんには、「こういうテーマなので、こういうイメージで」と大まかなリクエストを出し、「後はプロの仕事でよろしく」とだけ言うことが多いのです。あまり細かい指示をすることはありません。

すると「(アバウトな指令が)また出た〜」と苦笑しながら、必ずこちらの狙いに沿いつつ、なおかつプラスアルファの仕事をして、素晴らしいものを作ってくれるのです。最近では「アメトーーク!」の「どうした!?品川」という企画で、東野幸治さんが持っていた指し棒の先に、品川庄司の品川(祐)の顔がついていました。何気ない笑いを生み、見ていた人の間でも話題になったそうです。僕はそんなリクエストをしていませんが、進んでプラスアルファの仕事をしてくれたのです。

単純に費用対効果とか時給換算とかで考えれば、プラスアルファの仕事をする必要はありません。でも、みんなが「この番組を面白くする」という仲間意識を共有しているから、「もっとこうしよう」といつもプラスアルファの仕事をしてくれている。まさにプロ集団なのです。そういう仕事ぶりに対して、普段は口頭で感謝することもあれば、ちょっと照れくさいのでメールでお礼を言うこともあります。

「アメトーーク！」に社内の「社長賞」が出た時には、その予算でできるだけ多くのスタッフが参加できるようにして、総勢60名で温泉旅行に出かけました。僕らはもちろん、司会の雨上がり決死隊も参加してくれました（前説のガリットチュウも一緒です）。出演者、スタッフが一緒になって、互いに慰労したのです。

その場にはロケバスのドライバーさんにも来てもらいました。泊まりなので、酒を飲んでも大丈夫。十分楽しんでくれたようです。

こんな空気は、必ず現場の空気に影響していきます。そして、僕らはまた次の「面白いもの」を作っていくのです。

おわりに　――テレビは終わっていない

「ロンドンハーツ」や「アメトーーク！」のオンエア日。必ず1人だけですることがあります。オンエアされた番組のチェックです。

どんなに仕事や飲み会で帰りが遅くなっても、録画した番組を家でじっくりと見る。笑うためではありません。編集はこれでよかったか、テロップはこのタイミングでよかったか、音のミックスレベルはどうだったか、そもそも視聴者はこれを面白いと思ったのか？　このように具体的なところを「マイナス目線」で細かく見ていくのです。これは完全なる「あら探し」です。

こうすると、フラットに見るよりも、気になるところが多く見つかります。

集中していない「ながら視聴」の人に、このやり方で伝わったのだろうか？　番組に否定的な人は、この伝え方をどうとらえただろうか？　途中から見た人は、これを理解できただろうか？

オンエア日にこの「あら探し」をするのは、視聴率が分かる前にやっておきたいからです。視聴率がわかってからだと、どうしてもその情報が頭にあるので、予断を持ってしまいがちです。視聴率が良ければ甘くなるかもしれないし、悪ければ厳しくなるかもしれない。

あら探しですから、別に楽しくはありません。それでも次に活かすために必ず反省点を探すのです。

見ている間はほとんど笑えません。収録現場や編集中はよく笑っていますが、この作業においては番組を楽しむというスタンスは不要です。

それでも、僕は毎回、深夜や明け方に1人で番組を見続けています。より面白い、より笑える番組を作れるように――。

そんな風に作った番組で、視聴者の方が「くだらねえなぁ」「バカだなぁ」と笑ってくださり、日々のストレスが少しでもなくなるのなら、これ以上嬉しいことはありません。

もっとも、残念なことに、最近は、「テレビ終わった論」というようなものをよく目にするようになりました。

「テレビが面白くなった」「ネットの方が面白い」「テレビなんか見ない」

たしかに、昔と比べてテレビの地位が低下することも、ある程度は仕方がないことだろうと思っています。かつては映画くらいしかなかった映像文化に、テレビが登場して、娯楽の主役になった。でもその後にゲームも出てきて、ネットも出てきた。受け取る側の選択肢が増えたのだから、その分、テレビに割く時間が減るのは当然と言えば当然です。

また、色んな裏事情が視聴者にも見えてくるようになりました。この番組はこういう意図だ、とか、これは何かの宣伝だろう、とか。ある意味で視聴者は「玄人」となり、彼らに納得してもらわなくてはならないところもあります。

さらに、叩く場所が増えました。かつてテレビの批判を目にするのは新聞の投書欄か、雑誌記事くらいでしたが、いまでは一般の人もいくらでもネットに批判コメントを書き込むことができるようになりました。いつも見ているものについて、何か言いたくなるのもまた自然なことですから、あちこちで「つまらない」「やめろ」と書き込まれるようになりました。このへんはちょっと政治と同じような感じがします。

ただ、作っている側からすれば、ネットよりもつまらないとは決して思っていません。

少なくとも自分の番組はそうではないと思って作っています。テレビ番組全体を見渡しても、クオリティも決して下がっていない、むしろ上がっていると考えています。

昔のテレビの方が良かったという人は少なくありません。しかし、実際に見てみると、現在の視点からは、ゆるく感じるものがかなり多いのは事実です。伝説の番組と言われるようなものですら、今見ると「こんなものだっけ」ということが珍しくありません。

録画しておいて、後からCMを飛ばして見たい、という人も多いようです。もちろん、家にいなければ録画も仕方ないのですが、作り手としては、「とにかく家に早く帰って、リアルタイムで見たい」とワクワクされる番組を作っていきたい。少年時代の僕は、まさにそんな感じでした。

嬉しいことに、僕のところには時々、学生さんから「テレビの仕事をしたい」という手紙が来ることがあります。

ある中学生とは、返事を出したら、またその返事が来て、それに返事を……という感じでもうやり取りが何往復にもなっています。

「いつか一緒に仕事ができたらいいね」

そんなふうに伝えました。

修学旅行の課外授業で来てくれた、当時中学生の女の子とは、もう3年ぐらいの付き合いになります。彼女は来年、東京の大学を受験し、卒業したらテレビの仕事をしたいと言ってくれています。

このところ、テレビの仕事はキツい、という話もよく伝えられます。たしかに、労働条件がすごくいいかというと、なかなかそうとは言い切れません。朝早くから深夜までずっと働くことも珍しくありません。

それでも、この世界を目指す人はいると思います。そういう人には、僕はこんなふうに言っておきたいのです。

「この仕事はめっっっっっっちゃ面白いよ。ずーーーーっと笑っていられるもん。たしかに最初の数年はキツいことも多いけれど、それを乗り越えたら、こんなに楽しい仕事はないよ」

自分が作った番組を見て「面白い」と言ってくれる人がいる。「落ち込んでいたけれど、笑いで元気をもらった」「勇気が出てきた」。こんなメッセージをもらうこともある。

こんな時、胸が熱くなります。世の中の人のために、少しは貢献できているんだな～と充実感もあります。

僕が今回、偉そうに本を出した一番の理由は、テレビの仕事を1人でも多くの人に知ってもらいたい、そしてこの仕事を目指してもらいたいと思ったからです、この言葉にはなんの「企み」も裏もありません。僕の100パーセントの本音です。

加地倫三　1969（昭和44）年生まれ。上智大学卒業後、92年にテレビ朝日に入社。96年よりバラエティ番組の制作に携わり、現在「ロンドンハーツ」「アメトーーク！」の演出・プロデューサー。

Ⓢ新潮新書

501

たくらむ技術《ぎじゅつ》

著　者　加地倫三《かぢりんぞう》

2012年12月20日　発行
2013年 1 月25日　5 刷

発行者　佐藤隆信
発行所　株式会社新潮社
〒162-8711　東京都新宿区矢来町71番地
編集部（03）3266-5430　読者係（03）3266-5111
http://www.shinchosha.co.jp

印刷所　株式会社光邦
製本所　憲専堂製本株式会社

ISBN978-4-10-610501-2 C0276